设计类研究生设计理论参考丛书

中国当代室内设计史（上）
A History of the Contemporary Interior Design in China I

陈冀峻　著

中国建筑工业出版社

图书在版编目（CIP）数据

中国当代室内设计史（上）/陈冀峻著．—北京：中国
建筑工业出版社，2013.1
（设计类研究生设计理论参考丛书）
ISBN 978-7-112-15172-1

Ⅰ.①中…　Ⅱ.①陈…　Ⅲ.①室内设计－建筑史－研究－
中国－现代　Ⅳ.①TU238-092

中国版本图书馆 CIP 数据核字（2013）第 036528 号

责任编辑：吴　佳　李东禧
责任设计：陈　旭
责任校对：陈晶晶　党　蕾

设计类研究生设计理论参考丛书
中国当代室内设计史（上）
陈冀峻　著
*
中国建筑工业出版社出版、发行（北京西郊百万庄）
各地新华书店、建筑书店经销
北京嘉泰利德公司制版
北京中科印刷有限公司印刷
*
开本：787×1092毫米　1/16　印张：13　插页：4　字数：335千字
2013年7月第一版　2013年7月第一次印刷
定价：44.00元
ISBN 978-7-112-15172-1
（23239）

序　言

美国洛杉矶艺术中心设计学院终身教授　王受之

中国的现代设计教育应该是从20世纪70年代末就开始了，到20世纪80年代初期，出现了比较有声有色的局面。我自己是1982年开始投身设计史论工作的，应该说是刚刚赶上需要史论研究的好机会，在需要的时候做了需要的工作，算是国内比较早把西方现代设计史理清楚的人之一。我当时的工作，仅仅是两方面：第一是大声疾呼设计对国民经济发展的重要作用，美术学院里的工艺美术教育体制应该朝符合经济发展的设计教育转化；第二是用比较通俗的方法（包括在全国各个院校讲学和出版史论著作两方面），给国内设计界讲清楚现代设计是怎么一回事。因此我一直认为，自己其实并没有真正达到"史论研究"的层面，仅仅是做了史论普及的工作。

特别是在20世纪90年代末期以来，在制造业迅速发展后对设计人才需求大增的就业市场驱动下，高等艺术设计教育迅速扩张。在进入21世纪后的今天，中国已经成为全球规模最大的高等艺术设计教育大国。据初步统计：中国目前设有设计专业（包括艺术设计、工业设计、建筑设计、服装设计等）的高校（包括高职高专）超过1000所，保守一点估计每年招生人数已达数十万人，设计类专业已经成为中国高校发展最热门的专业之一。单从数字上看，中国设计教育在近10多年来的发展真够迅猛的。在中国的高等教育体系中，目前几乎所有的高校（无论是综合性大学、理工大学、农林大学、师范大学，甚至包括地质与财经大学）都纷纷开设了艺术设计专业，艺术设计一时突然成为国内的最热门专业之一。但是，与西方发达国家同类学院不同的是，中国的设计教育是在社会经济高速发展与转型的历史背景下发展起来的，面临的问题与困难非常具有中国特色。无论是生源、师资，还是教学设施或教学体系，中国的设计教育至今还是处于发展的初级阶段，远未真正成型与成熟。正如有的国外学者批评的那样："刚出校门就已无法适应全球化经济浪潮对现代设计人员的要求，更遑论去担当设计教学之重任。"可见问题的严重性。

还有一些令人担忧的问题，教育质量亟待提高，许多研究生和本科生一样愿意做设计项目赚钱，而不愿意做设计历史和理论研究。一些设计院校居然没有设置必要的现代艺术史、现代设计史课程，甚至不开设设计理论课程，有些省份就基本没有现代设计史论方面合格的老师。现代设计体系进入中国刚刚30年，这之前，设计仅仅基于工艺美术理论。到目前为止只有少数院校刚刚建立了现代概念的设计史论系。另外，设计行业浮躁，导致极少有人愿意从事设计史论研究，致使目前还没有系统的针对设计类研究生的设计史论丛书。

现代设计理论是在研究设计竞争规律和资源分布环境的设计活动中发展起来的，方便信息传递和分布资源继承利用以提高竞争力是研究的核心。设计理论的研究不是设计方法的研究，也不是设计方法的汇总研究，而是统帅整个设计过程基本规律的研究。另外，设计是一个由诸多要素构成的复杂过程，不能仅仅从某一个片段或方面去研究，因此设计理论体系要求系统性、完整性。

先后毕业于清华大学美术学院和中国美术学院建筑学院的江滨博士是我的学生，曾跟随我系统学习设计史论和研究方法，现任国家211重点大学华南师范大学教授、硕士研究生导师，环境艺术设计系主任。最近他跟我联系商讨，由他担任主编，组织国内主要设计院校设计教育专家编写，并由中国建筑工业出版社出版的一套设计丛书：《设计类研究生设计理论参考丛书》。当时我在美国，看了他提供的资料，我首先表示支持并给予指导。

研究生终极教学方向是跟着导师研究项目走的，没有规定的"制式教材"，但是，研究生一、二年级的研究基础课教学是有参考教材的，而且必须提供大量的专业研究必读书目和专业研究参考书目给学生。这正是《设计类研究生设计理论参考丛书》策划推出的现实基础。另外，我们在策划设计本套丛书时，就考虑到它的研究型和普适性或资料性，也就是说，既要有研究深度，又要起码适合本专业的所有研究生阅读，比如《中国当代室内设计史》就适合所有环境艺术设计专业的研究生使用；《设计经济学》是属于最新研究成果，目前，还没有这方面的专著，但是它适合所有设计类专业的研究生使用；有些属于资料性工具书，比如《中外设计文献导读》，适合所有设计类研究生使用。

设计丛书在过去30多年中，曾经有多次的尝试，但是都不尽理想，也尚没有针对研究生的设计理论丛书。江滨这一次给我提供了一整套设计理论丛书的计划，并表示会在以后修订时不断补充、丰富其内容和种类。对于作者们的这个努力和尝试，我认为很有创意。国内设计教育存在很多问题，但是总要有人一点一滴地去做工作以图改善，这对国家的设计教育工作起到一个正面的促进。

我有幸参与了我国早期的现代设计教育改革，数数都快 30 年了。对国内的设计教育，我始终是有感情的，也有一种责任和义务。这套丛书里面，有几个作者是我曾经教授过的学生，看到他们不断进步并对社会有所担当，深感欣慰，并有责任和义务继续对他们鼎力支持，也祝愿他们成功。真心希望我们的设计教育能够真正的进步，走上正轨。为国家的经济发展、文化发展服务。

目　录

第1章 绪 论

1.1 研究背景

1.1.1 学科的发展背景

　　建筑的室内装饰并非是一个新兴行业，自古有之，自人类开始在自然界中开辟自己的栖身空间以来，建筑的室内装饰始终伴随着建筑的兴衰起落。从穴居中的岩画到宫殿上的雕梁画栋，从普通民居的简朴花窗到太和殿的华丽藻井，我们都能发现现代室内设计发展的依稀脉络。

　　虽然中国现代室内设计的相关专业设立的时间基本同步于发达国家——中央工艺美术学院的室内装饰专业设立于 1956 年，为新中国培养了第一批室内装饰设计人才；中国的室内装饰业也在国庆十周年北京"十大建筑"的建设中迎来了一个历史性的高潮。但"中国当代的室内设计从建筑设计中剥离出来，形成规模，成为一个专门的行业与学科，应是改革开放以后的事。"[①]国门的开放不仅带来了大量的境外游客，也带来了大量的新技术、新理论，让所有业内外人士都领略到了一个新兴行业的活力；随着老百姓收入的增长和生活水平的提高，落后的建筑内部环境已经无法满足社会对生活品质的更高要求，促成了对室内设计的有效需求；科学技术的发展，特别是材料科学以及信息技术的浪潮更对行业的发展推波助澜，尤其是在旧建筑改造领域中，室内设计更是发挥了主力军的作用。不过和其他学科的发展历史比较，中国当代室内设计的发展历程毕竟只有不到 30 年的时间跨度，从这一角度讲，中国当代的室内设计完全是一门新兴的学科。

　　尽管起步晚，但是这一行业却在国家改革开放的大环境下实现了跨越式的发展，取得了令人瞩目的成就：根据中国装饰行业协会的不完整统计，截止 2000 年，全国"已有装饰工程设计资质等级的单位占全国 2000 多家装饰设计单位的 45%，900 多家，占全国 1.23 万家勘察设计单位的 7%。其中甲级建筑装饰工程设计单位 220 家……我国建筑装饰工程从业者占全国 4000 万建筑业从业人员的 16%，达 650 万；装饰设计的占 4%，20 万人。……我国装饰设计从业者占全国 97 万勘察设计从业人员的 20%，主要来自建筑学和美术专

---

① 王国梁 . 跨越与回归——当代中国室内设计回顾与展望 .2005 中国建筑艺术年鉴 .304.

业，其中 90% 现在非国有经济的装饰企业中供职，其余 10% 在建筑设计院及院校。"①根据该协会的统计数据：2004 年中国建筑装饰行业的产值为 8000 亿元，其中公共建筑装饰产值为 3500 亿元，住宅装饰产值为 4500 亿元。由于对室内设计的产值没有一个权威性的统计数据，这里仅以公共建筑装饰产值作为室内设计的取费基数，按 3% ~ 5% 为设计费率计算，当时的室内设计年产值估计为 105 亿~ 175 亿元，如果考虑个人住宅类项目室内设计收费状况，合计应在200 亿元以上。如果根据住房和城乡建设部颁布的小康社会住宅标准：城镇人均住房面积达到 35m² 测算，加上农村转移人口的居住要求，预计到 2010 年，住宅装饰产值可能超过 8000 亿元，再考虑北京 2008 年奥运会和上海 2010 年世博会的相继举办所带来的建设高潮，估计同年"我国建筑装饰市场规模总产值将达到 14000 亿左右"。②

1985 年，清华大学美术学院（原中央工艺美术学院）的室内装饰专业改称为室内设计专业（1988 年，更名为环境艺术设计专业并建系），1984 年，中国美术学院（原浙江美术学院）设立了国内第一个环境艺术设计专业，以新的模式开始培养室内环境艺术方面的专业人才。1987 年，同济大学建筑系和重庆大学（原重庆建筑工程学院）建筑系开始设立室内设计专业，成为国内最早设立这一专业的理工科院校。另据不完全统计③：目前全国约有 400 余所高等院校设有环境艺术系或室内设计专业，另有 200 多所设有相关专业的中等技术学校和职业技术学院。这些院校每年有上述专业的毕业生 3 万余人，连同自学成才者和少量建筑系毕业生，室内设计师队伍不断壮大，逐渐形成规模。

在这近 30 年的发展历程中，中国的室内设计走过了从东部到西部，从大城市到中小城镇，从宾馆饭店到一般公共建筑再到居住建筑的发展轨迹；中国的室内设计的创作也从引进、模仿、盲目跟风的状态转变到追求个性和创新的轨道上，学科的研究重点也从单纯注重界面装饰、文化传统的形式表达，转变到注重空间设计，突出人性关怀和关注节能减排、可持续发展等方面。尽管当代的室内设计也出现了过度商业化、时尚化以及奢侈化的倾向，但从总体趋势而言，已开始呈现出百花齐放的可喜景象。

1.1.2 相关研究动态

目前国内系统、全面地论述中国当代室内设计发展历史的研究中，仅见张青萍所著《20 世纪中国室内设计发展研究》（东南大学博士学位论文）和杨冬江的《中国近现代室内设计风格流变》（中央美术学院博士学位论文）的部分章节。两者均全面回顾了中国室内设计在近现代的历程，通过相关资料的搜集、整理以及分析和论述，大致揭示出了我国近现代室内设计发展的基本轨迹。但由于研究的时间起点为"鸦片战争"，跨度涉及 20 世纪前后的一百余年，对当

---

① 黄白.20 世纪末的中国建筑装饰行业发展（1978 ~ 2000 年）. http：//www.ccd.com.cn
② 滕学荣，郑曙旸. 基于环境观念的室内设计.
③ 王国梁. 跨越与回归——当代中国室内设计回顾与展望.2005 中国建筑艺术年鉴.304.

代室内设计发展的论述和研究受篇幅所限难免宽泛和粗略，比如前者的论文中几乎未涉及我国中西部地区室内设计的发展研究，对小型项目，特别是住宅室内设计的论述也十分简要，而后者的论文不仅有类似的问题，研究的视角也着重于设计风格的更替关系……此外，由霍维国所著，中国建筑工业出版社出版的《中国室内设计》有部分章节论述；邹德侬所著的《中国现代建筑史》以及《中国现代美术全集·建筑卷》也有部分涉及。另外，同济大学室内设计专业和南京林业大学的部分研究生论文以及清华大学、天津大学和华中科技大学的个别研究生论文也涉及本课题中的个别内容，如对住宅精装修模式、SOHO 室内设计模式的论述等。

这些研究成果对本课题的研究有较大的启发和帮助，不过多数研究仅仅涉及室内设计中的单一类型或者作为建筑史中的一个分支，所以在研究的范围和角度上与本课题有较大出入。独立地、系统地全面论述中国当代室内设计发展历史的研究几乎还是空白，可借鉴的理论基础和资料也是相当匮乏的。受当时的技术条件和认识水平所限，改革开放以后到 20 世纪 90 年代中期的图文资料中涉及室内设计的资料很少，特别是彩色的图片资料，而且建筑装饰的更新变化频繁，多数实地调查的结果都已无法寻找到最初的室内设计原态。从此角度考虑，本课题的研究开展得越早就越能及时掌握各类动态的信息，尤其有利于对原始素材的采撷与保存。

国外有关室内设计发展历史的研究成果中，比较有影响力的当属约翰·派尔（John Pile）所著，刘先觉等翻译的《世界室内设计史》（A History of Interior Design）。该书从史前文明开始，叙述了 6000 多年来有关个人空间和公共空间内部的史话，但是其中不仅没有涉及当代中国室内设计方面的论述，连我们引以为豪的传统建筑装饰艺术都没有只言片语，从中可以看出，某些西方学者对于学科的史学研究存在较大的盲区。

1.2 研究的内容和范围

1.2.1 研究的地域范围

作为一项以"中国"为研究对象的研究课题，理应涵盖全中国的地理范畴，甚至还应该包括中国设计师在境外的成果。但是受时间和精力所限，本书仅以三北地区加华东地区以及西藏自治区为案例分析和研究的地域范围，根据我国一般的地理划分，这些地区包括以下行政区域：

华北：北京市、天津市、河北省、山西省、内蒙古自治区

东北：辽宁省、吉林省、黑龙江省

西北：陕西省、甘肃省、青海省、宁夏回族自治区、新疆维吾尔自治区

华东：上海市、江苏省、浙江省、安徽省、福建省、江西省、山东省

这些区域不仅包括长三角地区、环渤海经济圈，也包括我国西北边陲的广

大少数民族地区。这一地域范围内，经济发展程度差异较大，人文历史的积淀极为深厚又异彩纷呈，而且部分地区的民族特点十分突出。需要指出的是：尽管西藏自治区在地理上划分至西南地区，但由于其宗教、文化、历史与青海、内蒙古等地的关联甚为紧密，故将西藏自治区的相关内容也纳入到本书的研究中。鉴于此，对这一广大地域范围内的研究，基本上能廓清中国当代室内设计发展的脉络，而其他地区，包括港、澳、台地区的相关案例研究以及中国当代室内设计专业教育的研究，则由课题组其他成员负责完成。

不过，由于目前我国的室内设计活动还主要局限在城市，特别是经济发达的大城市和中心城市，广大农村和偏远地区的建设活动中极少涉及建筑的室内设计。因此，以上述地区的省会城市和区域中心城市为研究重点，可以使研究更具有代表性和实际意义。

1.2.2 研究的时间范围

之所以以"当代"室内设计为题，而非"现代"室内设计，需要在论文展开前有一个交代。根据一般的史学观点以及近年相关建筑史的研究成果，中国近现代的分期年代如下：

（1）1840年第一次鸦片战争的开始为中国近代史的起点。

（2）1919年"五四运动"的爆发为中国现代史的起点；也有观点把中国现代史的起点定为1949年中华人民共和国成立之时；目前的中国建筑史中，也大都将1949年认同为中国建筑步入现代时期的起点。

（3）对于"当代"的时间概念，尽管史学界并没有一个明确的认识，但普遍将起点定义为1978年以后，即十一届三中全会以后的时间段。一来可以明确与"现代"的差别，避免观点的差异所带来时间上的混淆；二来1978年的十一届三中全会是中国社会变革的一道历史分水岭。

那么，中国当代室内设计史是否也可以认为是从1978年开始的呢？尽管学科发展离不开政治的因素，尤其在建设领域，但也不能简单地认为两者是同步的。我们当然不能否认十一届三中全会以及其后中国实行的改革开放国策是当代中国室内设计发展的基础和先决条件，但是，要论述一个学科的成长历程，其起点应该是这个学科独立于其他专业，成为一个专门的研究领域。如同每个人的历史是从其出世之时开始一样，当我们每一个人从母亲体内分娩出来，就标志了一个新的、独立的个体的产生。

这个时间点，或者更确切地说是一个时间段，大致应该在20世纪80年代初期，因为有较多标志性的作品和重要事件相继落成或发生于这段时间内，如1982年建成的北京香山饭店、上海龙柏饭店，1983年建成的广州白天鹅宾馆、南京金陵饭店、北京长城饭店等项目，这些作品的出现，为中国当代室内设计翻开了崭新的篇章，特别是1983年3月24日到4月1日在北京举办的新中国成立以来（当时）规模最大的一次建筑室内设计交流活动，标志着室内设计作为一个相对独立的学科和行业，在建筑学科领域得到了应有的重视和平等的地位。在这之前虽然也有许多优秀的室内设计作品，比如 1959 年的国庆十周年北京十大建筑中的室内设计创作，标志着新中国成立后的中国室内设计达到了一个历史性的高度，但是这一成就并没有带来室内设计学科全局性的进一步发展，只能算作特殊时期的特殊产物。就学科和行业的独立性和重要性而言，20 世纪 80 年代以前的作品更多体现出一种对建筑的依附性，缺乏专业设计上的再创作和特色，也就更无从谈起室内设计学科和行业的发展以及在建筑设计整个范畴中的重要作用和独立地位了。

所以，把 20 世纪 80 年代初期作为本课题研究的时间起点是合适的，也是合理的。这里还有一个重要事件值得注意，邓小平同志的第一次南巡是在 1983 年底至 1984 年初，其后我国进入了改革开放以后经济上的第一次高速发展时期，也同样带来了建设领域发展的高潮，中国当代室内设计也在这一发展高潮中得到全面发展的契机。

另外，要对中国当代室内设计史（20 世纪 80 年代初期至今）进行准确的分期是比较困难的。尽管在课题的研究过程中，能够明显感到中国室内设计发展的起伏变化，政策、技术和潮流都在不同时刻成了学科发展变化的关键因素。但是，这些因素的产生往往并不同步，如果依照社会史的惯例将某个重要历史事件的发生作为室内设计发展历史的分水岭，只会显得勉强，更容易阻碍事件间的脉络联系，但要对中国室内设计发展进行历时性研究，大致的分期还是有必要的。所以，本书以国家的宏观政治经济变化为基础，依据相关学科主流学术刊物中热点论题的变化，并结合具有代表性的设计实践活动，对中国当代室内设计的发展历史进行了粗略的分期：

20 世纪 80 年代初期至 90 年代初期：中国当代室内设计的序曲。

20 世纪 90 年代初期至 20 世纪末：中国当代室内设计的曲折发展和腾飞。

20 世纪末至今：新世纪的中国室内设计。

如果将中国当代室内设计的发展比作人的成长过程，那么，第一阶段就如婴儿出生后睁开了双眼，对世间所有事物都充满好奇，只会匍匐前行；第二阶段如幼儿开始身体直立，自然带来了视角的提高和目光的长远，是蹒跚学步；第三阶段如同青春期，开始寻求以自己的方式理解世界，青涩和活力并存，是风华正茂，依旧还有很漫长的路要走。

1.2.3　研究的对象和主要内容

本课题的研究对象是有关中国室内设计的社会背景、实例分析、技术发展、理论建设、学术活动（机构）以及重要的政策规范。主要包括：

（1）能够代表当时地区室内设计发展状况的案例；

（2）能够代表同类型项目室内设计发展状况的案例；

（3）对中国当代室内设计的发展影响重大的案例；

（4）对中国当代室内设计的发展影响重大的学术活动（机构）和政策规范；

（5）对中国当代室内设计的发展影响重大的技术和理论（思潮）；

（6）对中国当代室内设计的发展产生重大影响的社会变革。

由于受时间和精力所限，本书的研究内容暂不涉及有关室内设计教育的问题，也不包括车、船、飞机等交通工具的室内设计。

什么是室内设计？

《辞海》中是这样定义的：室内设计是对建筑内部空间进行功能、技术、艺术的综合设计。根据建筑物的使用性质、所处环境和相应标准，运用技术手段和造型艺术、人体工程学等知识，创造舒适、优美的室内环境，以满足使用和审美要求。

《中国大百科全书》"建筑 / 园林 / 城市规划卷"的定义：室内设计是建筑设计的组成部分，旨在创造合理、舒适、优美的室内环境，以满足使用和审美要求。

清华大学美术学院（原中央工艺美术学院）张绮曼、郑曙旸主编的《室内设计资料集》作了如下定义：室内设计乃是从建筑内部把握空间，根据空间的使用性质和所处环境，应用物质技术和艺术手段，创造出功能合理，舒适美观，符合人的生理、心理要求，使使用者心情愉快，便于生活、工作、学习的理想场所的内部空间环境设计。

由同济大学陈易主编的《室内设计原理》[①]这样定义：室内设计是运用一定的物质技术手段和经济能力，根据对象所处的特定环境，对内部空间进行创造与组织，形成安全、卫生、舒适、优美、生态的内部环境，满足人们的物质功能需要与精神需要。

简而言之，室内设计是为满足人的物质和精神需求，采用各种技术和艺术手段在建筑围合界面内部进行的以空间设计、界面设计、陈设设计和物理环境设计为主的人为创作活动。本书研究的主要内容就是有关这些活动和内容的起因、过程、结果以及影响。

1.3　研究的技术路线

从本书涉及的时间范围看，中国当代室内设计的发展过程正是中国社会的经济体制从计划经济向市场经济转变的时期，行业的发展离不开国家宏观经济环境的支撑和政策调控的影响，特别是在行业的初期发展阶段（20 世纪 80 年代），这类影响更为显著。其次，由于室内设计源于建筑学母体，因此建筑学科的发展和变化，尤其是许多产生于建筑界的思潮和理论，同样也对室内设计的发展产生几乎同步的影响，更何况本书引用的一些早期的图文资料几乎都摘录于建筑学的刊物和书籍。再则，室内设计与生活、工作方式密切相关，改革开放后国人生活观念和工作方式的变化同样对室内设计行业产生了深刻的影响。所以，本书研究以社会的宏观环境为依托，以建筑学科的系统理论为基础，

---

① 普通高等教育土建学科专业"十五"规划教材．北京：中国建筑工业出版社．

以当代人的生存方式为参考，同时结合其他相关领域的研究成果，先以事件发生的时间前后为顺序，对中国当代室内设计的发展历程和丰富内容进行分析和评判，然后，再结合各种技术和理论对中国当代室内设计的影响，归纳并总结当代室内设计发展的经验教训，为构建有中国特色的室内设计专业的理论框架奠定研究的基础。研究以史料收集和实地考察并重，以史料为主；以物和人并举，以物（作品）为主；以理论和实践相结合，重在理论建树。本书中的图片除已标明出处和拍摄者的，均为作者自摄。

1.4 研究的目的和意义

在这短短的二十几年的历程中，有许多值得记录、总结、研究和反思的东西。本书通过深入研究和梳理中国当代室内设计的社会背景，回顾和评判中国当代室内设计的发展历程和丰富内容，正确认识和理性反思中国当代室内设计的经验和教训，不仅从总体上把握中国当代室内设计和发展的脉络和轨迹，也为新世纪室内设计行业的发展提供借鉴，具有理论意义和指导实践的价值。然而，室内装饰快速更新的特点，使得许多优秀的室内设计在反复更迭中逐渐淡出了人们的视野，早期的作品资料更是难以查找，即使从现存的建筑中也几乎无法还原当初的面目。这一严酷的现实使得本课题的研究更多了一份紧迫感和责任感，而且由于涉足此课题的相关研究较少，所以选此论题还具有填补国内空白的意义。

并非无人发现或意识到研究这一课题的重要性和独创性，也并非有人畏惧研究这一课题的艰巨和枯燥，只是缺少恰当的时机而已。如果认可"室内设计来源于生活"的观点，那么，研究当代室内设计的发展过程，也就是记录改革开放 30 年国民生活方式的变迁。不过，同时也应该认识到：当代人写当代史，一定存在认识的偏差和局限。因此，本书重在提供有关室内设计活动的基本资料，梳理这些资料间的相互关系，但是也并不回避阐述个人的认识及观点。[①]简单的考证和描述对行业的建设和发展只能起到有限的作用，应该把历史视为"科学地构成的过去的知识"。[②]以史引论，以论带史。所谓"人以铜为鉴，可正衣冠；以古为鉴，可知兴替；以人为鉴，可明得失"。[③]这才是本书撰写的初衷。

---

① 书中涉及实例的技术参数和场景的文字描述，多摘引自《建筑学报》、《ID+C》等专业期刊的相关实例介绍，由于项目众多，且本书均有增减修改，故不一一表明出处。但凡引用他人图片、观点和看法的，文中都已标出，并均标注资料来源。

② 法国学者伊贾尔·马鲁提出的观点。

③ 新唐书·魏征传.

第2章 中国当代室内设计的序曲
（20世纪80年代初期至90年代初期）

2.1 在社会转折中起步的室内设计

1978年12月，中共中央第十一届三中全会确定了把全党的工作重点转移到社会主义现代化建设上来和实行改革开放的战略决策中，实现了新中国成立以来的历史性转折。紧接着于1979年4月召开的中共中央工作会议，提出了对整个国民经济实行"调整、改革、整顿、提高"的方针。在当时还是以计划经济为主体的建设领域，国家政策的转变直接对建筑创作产生了巨大的影响，不过，由于建设周期的滞后性，这种转变在此时更多地体现为思想上的解放，尤其是对西方现代建筑技术和理论的广泛认识和交流，为进一步促进建筑创作的繁荣奠定了基础。贝聿铭、黑川纪章、波特曼等设计大师的先后到访，实际上也为后期境外设计师在国内的创作活动推开了大门。

1980年8月，第五届全国人大常委会批准建立深圳、珠海、汕头、厦门四个经济特区，四个经济特区于1981年下半年相继开始动工建设。经济特区建设成就的窗口示范效应，不仅向世界展现了祖国改革开放的新面貌，更带动了全国性的以实现现代化为目标的建设高潮。随着大量大型公共建筑的建设，室内装饰的设计工作也日渐繁重，室内设计开始逐渐从建筑师的职责范围内剥离，也就需要对这一相对独立的新的学科有一个明确的认识和定位。

1983年3月24日至4月1日，由当时的城乡建设环境保护部与中国建筑学会筹办的"室内设计经验交流会"及室内装修展览活动在北京举行。会议收到论文45篇，83家设计单位送展了设计成果，来自全国建筑界、美术界的近200位代表齐聚一堂，为开创我国建筑室内设计的新局面畅所欲言。[①]

这次会议是新中国成立以来规模最大的一次室内设计交流活动，是在我国改革开放后，公共民用建筑大量兴建，而建筑室内设计水平和学科的建设滞后于形势发展的背景下进行的。此次会议不仅明确了室内设计是成功塑造建筑空间环境的必要组成，也提出了要加强室内设计学科的理论研究，重视科学技术在这一新学科建设中的基础地位，加快专业人才的培养等一系列建议。令人遗

---

① 建筑学报 .1983，7：1.

憾的是，20多年后的今天，室内设计学科的理论研究仍然明显滞后于学科的发展需要，而科学技术在学科成果中的作用也明显落后于其他方面（如艺术、文化等）。会议还就如何让室内设计从高级宾馆推向量大面广的住宅、办公、学校等一般建筑类型，如何从探索中国风格的室内设计起步，继而促进建筑室内设计创作的繁荣等议题展开了深入的讨论。这次会议的意义在于——有效推动了中国当代室内设计的发展进程，重新审视了室内设计学科在建筑设计领域中的重要作用和地位，是当代中国室内设计史的开篇序言。

1983年底和1984年初，邓小平同志亲自视察深圳、珠海、厦门经济特区，充分肯定了办特区的成功经验，回京后就对外开放和特区工作作了重要谈话，提出："除了现在的特区之外，可以考虑再开放几个点，增加几个港口城市，这些地方不叫特区，但可以实行特区的某些政策。"中央随即对沿海扩大开放作出了重要决定，进一步开放了天津、上海、大连、秦皇岛、烟台、青岛、连云港、南通、宁波、温州、福州、广州、湛江和北海14个港口城市。随着对这些开放城市政策的进一步落实和实施，中国当代的室内设计开始逐步踏上全面发展的快车轨道。

2.2 从宾馆、饭店建设中启蒙的室内设计

随着全国工作重点的转移和国门的开放，为了适应国内外的沟通和了解，同时也为了满足旅游业迅猛发展的迫切需求，高档宾馆、饭店的建设成为当代中国室内设计发展初期的当务之急。由于历史的原因，当时包括上海、北京等中心城市的高档宾馆、饭店都极其稀缺，1983年在上海召开的全运会，由于住宿房间紧缺，部分参赛人员居然不得不往返南京、苏州过夜。[①]1984年北京丽都饭店的建设也反映了这种急迫的状态。为缩短建设工期，投资方选择了造价更高的拼装式盒子客房的建造方式，这在整个中国当代宾馆、饭店的建设史中都是十分罕见的。

2.2.1 境外设计师的全面引进和室内设计创作的"拿来主义"

由于长期的政治动荡和信息闭塞，面对旅游业所带来的建设高潮，当时的建筑装饰行业，包括室内设计学科，却处于"三无"的尴尬境地：无法可依，除1979年原国家建委和国家旅游局联合出台的《关于旅游旅馆建设的几点意见》对建筑室内装修标准有所涉及外，当时国家几乎没有其他专门的设计标准或规范；"无米之炊"，对于各种新型装饰材料的性能和使用不仅缺乏必要的了解，更缺乏大规模的研制和生产能力；无能用之人，国内的设计师对先进的现代建筑理念的了解几近空白，更缺乏室内设计深化的实践经验。因此，"请进来"的方式成为当时迅速缩小与国际先进水平差距的有效措施，包括国外设计标准

---

① 翁皓.上海的旅馆建筑.上海建筑.

的借鉴，装饰材料的进口和境外设计师的引入。

特别是境外设计师的引进，与上层管理机构的主导因素密不可分，这种主导因素既包括直接邀请境外有经验的高水平设计师，如设计香山饭店的贝聿铭、设计上海瑞金大厦的三井建设，更多的是对境外投资者的倾斜政策所带来的直接结果，如北京长城饭店由中国国际旅行社北京分社与美国伊沈建设发展有限公司合资建造和经营，上海静安希尔顿饭店由香港信谊投资有限公司投资，北京建国饭店的设计者陈宣远，其本人就是直接投资者。上海商城也是一个由设计者波特曼先生直接参与投资的项目。投资主体的组成也就决定了境外设计师在这些项目中具有先天的优势，更何况当时境内的设计师普遍缺乏对现代室内设计的理解和掌控能力。同时由于投资主体相对充裕的资金保证，使得这些项目有足够的条件在中国的土地上采用国际先进的新技术、新材料，将还包裹着神秘色彩的、曾经还很遥远的海外豪华室内装饰真实而迅速地展示在国人的面前。在不锈钢和玻璃光影中红男绿女的正襟危坐和交杯换盏，使得这些空间"成为人与人相互关系的确认或重新确认的场所"[1]，甚至成为个体社会地位的直接表白场所。附表 2-1[2]记录了这一时期由境外设计师或中外合作设计的部分有影响的重要项目。

例 1 北京香山饭店（图 2-1、图 2-2）

设计人：贝聿铭 + 戴·凯勒（室内设计）

建成时间：1982 年

建筑面积：35000m²，292 套客房，500 个床位

饭店坐落于距市区 20km 的北京西山风景区的香山脚下原"静宜院"和"慈幼院"旧址，由 5 组 2~4 层的楼群组成，建筑之间以 11 座尺度不一的庭院分割和连接，并巧置"曲水流觞"（乾隆时遗迹）、"金鳞戏波"、"冠云落影"、"云岭芙蓉"等 18 景。设计师充分利用地势、地貌，将江南传统的院落式布局和

---

① 沈康，李华 . 现代的幻象——中国摩天楼的另一种解读 . 时代建筑 .2005，4：17.
② 根据《世界建筑》1993 年第 4 期中《上海八十年代高层建筑》等相关文章和其他资料整理并补充.

造园手法结合到建筑与环境之中。设计师"想借'香山'这个题目看看丰富的中国建筑传统是否有值得保留的地方"[①]，通过跨地域的设计语言（中国南方民居风格），尝试对现代建筑民族化的探索。

室内设计的特点体现在溢香厅（又名四季庭院）的设计中，它作为整个饭店的接待大厅，处于 5 组楼群的中央，高 3 层，面积近 800m²，是最能体现整体设计风格的代表性场所。其空间具备了西方现代建筑中庭的一些构成要素，但更像一个能采光的有顶的传统四合院，四周的白墙、灰砖、菱形窗——不仅是建筑外部立面的片段和重复，也与室内的影壁、叠石[②]、草木共同组成了一个现代的、纯净的、中国的室内空间，并且多处运用了传统园林中窗框、门洞借景的手法。由于建筑设计语汇在整个建筑中的强势地位，室内设计师反倒没有多少创造余地，倒是旅法画家赵无极的两幅水墨画成了香山饭店中的一件瑰宝。香山饭店的其他功能空间，如客房、餐厅等的室内设计也没有表现出超越同期其他同类型建筑的成就。尤其是单间客房的总建筑面积分摊指标达111.8m²/ 间，超过同期北京地区同类建筑平均值的44%[③]，分散院落布局的模式不仅造成了香山饭店因为交通面积的增加而在经济性上稍逊一筹，识别性和引导性不足也给入住的客人造成了不便。

香山饭店是中国改革开放后，境外建筑师在中国的早期代表作品，自然容易受到业界的关注和期待，更引发了全国建筑学界关于"现代建筑与中国建筑传统"的热烈讨论。贝聿铭先生曾说："与其说香山饭店的设计是现代中国建筑之路的一个答案，不如说是对现代中国建筑之路的探索性提案。"[④]"我的真意是寻求一条中国建筑创作民族化的道路。……要做的只是拨开杂草，让来者看出隐于草丛中的路径……"[⑤]中国建筑师在感慨境外设计师宽松的创作环境的同时，也对建筑的选址、高造价（每间客房工程造价约 14 万元人民币）[⑥]及建设过程中对风景区所造成的不当破坏提出了不同意见，如有专家提出香山饭店的选址并不适合建一座旅游饭店，"若游北京，住在香山不方便；若看香山，一天足矣，无须住宿。"[⑦]

比较华盛顿的国家美术馆东馆、巴黎的卢浮宫新馆的设计，同样是处于传统建成环境之中，作者并没有采取雷同化的传统建筑语汇，但都取得了更为显著的成功。它们与香山饭店之间设计思想的差别，也许不是简单的所谓"寻求中国建筑创作民族化之道路"的观点就可以解释的。就香山饭店对中国建筑民族化的追求和探索而言，也许贝聿铭先生的努力是有积极而深远的意义的，但是不管是所谓的地域性设计语言还是《营造法式》的建筑技法，未必就能代表中国当代建筑民族化之路的正确方向。就其对中国当代室内设计的贡献和影响

① 建筑学报.1980，04：19.
② 采自云南石林.
③ 阅读贝聿铭.107.
④ 建筑学报.1980，04：14.
⑤ 建筑学报.1981，06：18.
⑥ 建筑学报.1983，03：61.亦有资料为 20 万美元（见《阅读贝聿铭》P107），可能统计口径不同.
⑦ 张捷.北京建筑批判（一）——北京五大争议建筑.

而言，倒是后期贝聿铭及其子在北京的另一件作品——中国银行总部的设计更值得一提。香山饭店的阶段性成功，或许只是设计者敏锐地抓住了"文革"后短期内从上到下对文化传统回归的强烈心愿，而国人又通过香山饭店的成功来印证现代化和民族化相结合的充分可能，仍旧沉醉于对形式和空间的类比，完全忽视了现代技术条件下创造新形式的可能性和必要性。香山饭店的现代性成了对形式主义高度关注下的盲点。从此点来看，香山饭店的建设对中国建筑走向现代化的作用是有限的，更不要说是革命性的作用。

例 2　北京建国饭店（图 2-3）

设计人：陈宣远

建成时间：1982 年 4 月

建筑面积：29506m^2；客房 528 间套

作为首都首家合资建设的饭店，其典型的美国假日旅馆式设计，使得建国饭店的建成对国内高级旅馆建设中的一些既有观念的冲击要大于其建筑设计以及室内设计自身的影响。设计围绕最终的经济效益做文章，不求高大气派、富丽豪华，但求亲切宜人、舒适方便。把客房的设计视作饭店设计的关键，单人床只有 1.35m 宽。客房的类型除普通的标准间、套间外，还有跃层的家庭式套房。设计中辅助用房所占面积比例远低于当时国内的一般标准，每间客房折合建筑面积不到 56m^2。其目的在于精简后勤部门，提高工作效率，通过保证营业面积提高饭店的主营收益。比较同期建成的北京华都饭店的 74m^2/ 间（544 间，逾越 4 万 m^2）的面积指标，建国饭店的设计中对建筑内部空间和平面布局经济性的把握是值得借鉴的。紧凑的空间中，只要做到合理、得体，同样能做好旅游宾馆的经营，这是建国饭店对我们最大的启发。1989 年，该项目的设计人兼投资人陈宣远先生又在西安投资并设计了又一家类似模式的西安建国饭店。

例 3　北京西苑饭店（图 2-4）

建筑设计：香港夏纳建筑师事务所

建成时间：1984 年 7 月

图 2-3　20 世纪 90 年代改造后的建国饭店大堂（左）图片来源：建国饭店官方网站．
图 2-4　西苑饭店大堂（右）图片来源：北京宾馆建筑．

建筑面积：62500m²；客房 709 套

位于北京西直门外，是我国最早的国内外合作设计的大型宾馆之一（北京市建筑设计研究院承担结构设计）。主楼呈"L"形，两翼合抱裙楼及大厅。客房外墙平面为锯齿状，窗户则设在凸出部分朝阳一面，落地窗的设计使客房开敞明亮。大厅高逾 10m，面积达 720m²。吊顶采用藻井形式，悬挂 25 组各种颜色的铝片和有机玻璃组成的大型吊灯，在灯光的映衬下，五彩斑斓。

例 4　北京长城饭店（图 2-5、图 2-6）

设计人：美国贝克特设计公司

建成时间：1984 年

建筑面积：82930m²；客房 982 套

位于北京市区东北亮马河畔，是我国第一个全玻璃幕墙的建筑，也是改革开放初期，由境外设计公司设计，合资建造的几个饭店之一。设有水景和花木的中厅高 6 层，可直接通过西侧的玻璃幕墙欣赏户外的景色，只是限于当时的技术条件，中庭玻璃幕墙的钢构架显得有些简陋。直达 21 层屋顶餐厅的玻璃观光电梯使得中庭在形式上接近波特曼式的"共享空间"，这是"共享空间"的概念第一次在北京出现。同时，中庭内还建造了一座古色古香的六角亭——蓝色琉璃攒尖顶，红柱，彩作仿宋式解绿装饰彩画，亭内地面刻有中国古代流杯槽。也许是全玻璃幕墙的建筑外观使建筑单体与古都产生了时空的距离，设计者试图通过某些室内设计元素的本土化来尽可能拉近这一距离。可供 1200人就餐的宴会厅的设计也体现出了这种努力：以红色为基调，配以金黄色及古铜色，入口大门及下部裙板均从中国菱形花格红漆大门衍变而来，整体气氛宏

图 2-5　长城饭店中庭（左）
图片来源：北京宾馆建筑.
图 2-6　长城饭店门厅（右）

伟富丽又古朴典雅。同时，还设有两组活动隔板，可将宴会厅分隔成三个独立的单元。由于当时适于国内室内装饰工程的材料的匮乏，连现在极其普通的吊顶用吸声矿棉板都是从美国大量进口的，而大量的不锈钢包柱更成了长城饭店室内装饰的一大标志。和香山饭店以及同时期的其他宾馆的设计相比，长城饭店最大程度地向人们展示了设计对现代化的描述。

例 5　上海新锦江饭店（图 2-7）

设计人：上海市民用建筑设计院，香港王董国际有限公司
室内设计：姚金凌、洪碧荣、孟清芳、戴正雄、陈文莱等
建成时间：1990 年
建筑面积：57330m² ；客房 728 间

新锦江饭店的建筑外观是十分简洁现代的，两层高达 6m 的屋顶旋转餐厅成了俯瞰申城的时尚场所。不过，饭店室内设计却具有浓厚的中国特色，比如大厅的立柱虽然为铝合金饰面，但用烘漆处理成楠木色，就有了厚重的中国味道，大堂的地面也没有全部磨光，而是用了亚光和烧毛的工艺勾勒图案，同样带有中国味。饭店的"竹园"餐厅、总统套房以及部分标准客房也都采用了传统明式家具和地方风格的特征。

例 6　西安凯悦阿房宫饭店（图 2-8 ～图 2-10）

设计人：梁应添、崔恺、朱守训、付岑
室内设计人：戴·凯勒
建成时间：1990 年
建筑面积：44642m² ；客房 500 间

该饭店尽管设计于 20 世纪 80 年代末期，但就室内设计而言，仍有诸多可取之处：12 层的中庭空间是本土设计师对约翰·波特曼的"共享空间"模式的较早尝试，从中庭功能的设置到玻璃观光电梯的采用，都是"共享空间"模式的具体实践。咖啡厅弧形墙面上用红砖砌出的中国传统回纹图案，则以一种超尺度和场所的变异表达了设计者对中国传统建筑文化的解读；而在部分客房中

图 2-7　新锦江宾馆休息厅（左）
图片来源：上海建筑.
图 2-8　阿房宫饭店中庭（右）

用简洁的双层方格磨砂纸移窗代替常规的窗帘，使房间平添了几分传统文化的意境。两种不同的设计手法，不仅具有强烈的本土特征和符号印记，也体现了设计师将西方设计理论运用于实践的渴望。阿房宫饭店成为当时由本土设计师主导设计的少数比较成功地实现了中西方建筑文化和谐兼容的优秀作品。

同时期，在西安还兴建了一座针对国外游客，以歌舞表演为特色的大型餐厅——西安康乐宫，首次将舞台表演和餐饮服务置于同一空间内，这种全新的歌舞餐厅模式成为室内设计走向娱乐化的大胆尝试，一度盛行于各大城市。

西安康乐宫（图2-11）由美籍华裔建筑师刘国昭、香港梁柏涛建筑师事务所以及中国建筑西北设计院合作设计，歌舞餐厅及配套房间面积约8000m²（其余部分为两栋共11000m²的高层住宅）。1988年6月竣工开业，中午供应自助餐，无表演；晚上由陕西歌舞团表演时长约一小时的盛唐歌舞，开演前一小时供餐。歌舞餐厅含舞台面积为1104m²，高达10.8m。设餐位500座，餐桌与舞台垂直呈放射状排列。地面为满足视线要求做了三级升起，每级45cm，并设有栏板，使得前后排间有空间感。二层另设有5个半圆形楼座。室内装饰设计追求雍容、华贵的唐代遗风，不仅有反映唐代宫廷生活的壁画，还利用各种装饰构件，如门上的花纹铺首、栏杆望柱上的镂空灯饰等，刻意表现盛唐的富丽堂皇。

当时在全国范围内比较有影响的还有南京金陵饭店（图2-12）、上海静安希尔顿饭店、上海华亭宾馆（有客房1020套，是当时上海规模最大的高级宾馆）等一大批有境外设计师参

图 2-9 阿房宫饭店咖啡厅（上左）
图 2-10 阿房宫饭店客房移窗（上右）
图 2-11 西安康乐宫平面（下）
图片来源：建筑学报.1989，6：47.

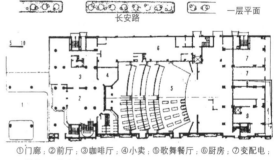

①门廊；②前厅；③咖啡厅；④小卖；⑤歌舞餐厅；⑥厨房；⑦变配电；⑧坡道；⑨住宅门厅

①前厅上空；②咖啡厅上空；③餐厅上空；④面包房；⑤库；⑥职工食堂；⑦服装

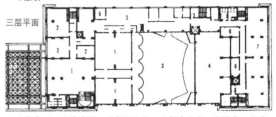

①宴会厅；②贵宾厅；③餐厅上空；④舞台上空；⑤厨房；⑥库；⑦办公

图2-12 南京金陵饭店入口大厅内景
图片来源：建筑学报.1984，3；右图：作者摄于2007年4月。

图2-13 杭州黄龙饭店大堂
图片来源：中国现代美术全集／建筑艺术卷4.

与的酒店项目[①]。这些项目除了有着与上述项目类似的特点外，各自也都存在一些创新点，如杭州黄龙饭店（图2-13）采取客房成组分栋布置的方式较好地解决了旅游饭店客流淡旺季差异的经营管理难题，同时，又呼应了中国建筑中多个简单单体构成丰富总体的布局传统；北京长富宫饭店中心客房采用装配式盒子卫生间；北京港澳中心和1990年建成的中国大饭店则是中国引入了无障碍设计概念的酒店先锋之一。

2.2.2 本土设计师的不懈努力和探索

国内设计师并未因为境外设计师的抢滩登陆而放弃自身的努力和探索，这一时期同样有许多项目是由国内的设计师独立创作的，如上海龙柏饭店、山东曲阜阙里宾舍、福建武夷山庄、北京国际饭店、西安唐城宾馆等，同样取得了不俗的表现。

例7 上海龙柏饭店（图2-14、图2-15）

设计人：张耀曾、凌本立（建筑）；王世慰等（室内）

建成时间：1982年

建筑面积：12500m²；客房161间

它是我国自己设计、自己施工、自己投资、自己管理的一所高级宾馆，紧邻建造于1932年的沙逊别墅。该建筑造型新颖但藏而不露，力求与周边环境协调。内部空间富于变化，室内设计也朴素自然，将中国传统手法与民间工艺和现代材料相结合，如大餐厅的藻井吊顶、室内庭院、竹厅的竹编工艺等均具

---

① 详见附表2-1。

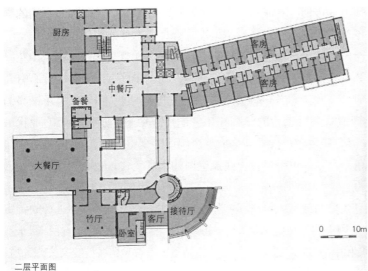

二层平面图

有中国传统风格和江南地方特色。灯具和家具也兼顾传统风格，如在圆楼梯梯井中央垂挂红、黄、白三串绢丝灯笼，使得室内的整体装修在造型、色彩等方面协调统一，彰显出传统的喜庆气氛。客房层的走廊采用错位的"葫芦"式，既方便人流的交汇，又避免了客房的对向通视。

图 2-14 上海龙柏饭店二层平面（左）
图片来源：新中国建筑——创作与评论．
图 2-15 龙柏饭店内景（右）
图片来源：上海建筑．

例 8　山东曲阜阙里宾舍（图 2-16、图 2-17）

设计人：戴念慈、傅秀蓉、黄德龄
建成时间：1986 年
建筑面积：13000m^2；客房 164 套

由于地处孔府门口，紧挨着孔庙，地理位置的特殊性使设计者从设计开始就决定了"把旅馆淹没在孔庙孔府这个建筑群中"[1]的指导方针，建筑体量化整为零，建筑色调朴实无华。室内设计也以典雅、朴实为主调，突出中国文化的气息，为此还特意请书画名家赵朴初和吴作人惠赐墨宝挂于大厅两侧。

图 2-16　阙里宾舍餐厅（左）
图片来源：当代中国著名机构优秀建筑作品丛书——建设部建筑设计院．
图 2-17　阙里宾舍大厅（右）

---

[1] 建筑学报．1986，01：3．

其中门厅的设计可谓独具匠心：四方的建筑空间根据人流路线和空间的导向性而设计，不对称的跑马廊和楼梯不但设计合理，形体的变化也大大丰富了内部空间。门厅利用歇山屋顶的山花位置直接采光，并直接暴露结构。山花以下的三面实墙为以孔子生平为主题的线刻壁画，与山东汉墓出土的画像石有几分相似；南墙则为吴作人创作的陶瓷壁画《问礼图》。跑马廊局部采用铜锣为栏杆，让人感到似有来自远古的阵阵礼乐。门厅正中悬一形似宫灯的现代吊灯，下方为一座深色"飞廉"①铜雕，构成整个门厅的视觉中心。门厅通体白色，只有地面为深色，色彩的单纯反衬出建筑空间的丰富变化，也更能显现出厅内陈设的艺术魅力。

阙里宾舍是在特殊地点、特殊环境和特定条件下，由特殊人物进行的特定设计。"犹如一座硕大的'文化容器'，它让所有的下榻者在离去时，能捎回永不忘怀的孔子影像和中华文明的悠扬音韵。"②作品不得不背负诸多传统文化的沉疴，反而没有表达出宾馆建筑所需具备的商业化属性。其后，经营者将其定位成主题型酒店尽管并非设计和建设的初衷，倒也有几分合理性。宾馆并没有必要成为文化传播的使者，但是，文化传播的途径完全可以多元。尽管存在认识和技术方法上的历史局限性（如用混凝土制作椽子），但不能仅以外表的民族形式将阙里宾舍简单地定义为复古主义的产物，它与香山饭店有异曲同工之处，均为探索现代的有中国特色的建筑创作进行了有益的尝试，更何况它所表现出的低调的创作姿态、适宜的建筑尺度、因地制宜的选材以及和谐的构成比例皆使阙里宾舍不仅在中国现代建筑史上，也在中国当代室内设计史上占有重要的地位。

例 9　福建武夷山庄（图 2-18、图 2-19）

设计人：杨廷宝、齐康、赖聚奎等
建成时间：1983 年
建筑面积：16800m²

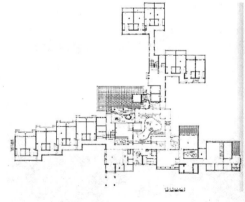

图 2-18　武夷山庄平面（左）
图片来源：中国建筑四十年——建筑设计精选.
图 2-19　武夷山庄餐厅"幔亭招宴"石刻（右）
图片来源：室内.1990.2：20.

① 飞廉，亦作蜚廉，又名"鹿角鹤"，是中国神话中的神兽，文献称飞廉是鸟身鹿头或者鸟头鹿身，秦人的先祖之一为飞廉（蜚廉），古代楚地以飞廉为风伯。该作品为仿湖北随州曾侯乙墓出土文物之铜塑。
② 阙里宾舍——经得住时间的考验（http：//fengdaohan.spaces.live.com/Blog/）。

位于武夷山风景区的门户武夷宫北端。主体建筑结合地形，高低错落，疏密有致，最高不过三层。建筑外观为传统民居式的坡顶、白墙，结合深色露明的梁架、栏杆。室内环境则借助闽北当地的人文历史、风俗传说，结合各种地方材料，确立各个空间的室内装修主题，如休息厅顶棚的竹片方锥单元体和方格网状竹筒灯具，墙面则以当地产"崇安横文竹筒席"饰面，门厅的小青竹密拼吊顶，茶厅的竹管垒叠八角灯饰，大餐厅的"幔亭招宴"神话石刻等，朴实、轻灵而淡雅，其总体环境的把握颇有"杏花春雨江南"的氛围，是 20 世纪 80 年代初期地方主义风格的典型代表。

例 10　北京昆仑饭店（图 2-20）

设计人：熊明、耿长孚、刘力

建成时间：1987 年；1999 年全面翻新；2005 年再次对大堂等局部进行装修

建筑面积：80000m²；客房 1005 间

位于北京东郊三环路与亮马河交界处，是北京市建筑设计研究院承接的第一项外资工程设计。主楼随地形呈"S"形展开，裙楼为能与主楼紧密契合，采用了正三角形柱网布局，使得大部分的配套场所的室内空间均呈六边形或三角形。这些场所顺"S"形串联在一起，形成一条室内景观走廊，空间层次丰富，虚实收放有序，步移景异，意循境迁，设计者取意为"昆仑八景"。其中最著名的是面积 800m²、高达 18m 的四季厅[①]——内设叠石水景，叠石均用方正的毛石砌筑，或粗犷，或俊秀，表面镌刻古今名家咏题昆仑的诗词书画。"既

图 2-20　昆仑饭店四季厅
图片来源：北京宾馆建筑·

---

① 又名"碧苑"，现已改为自助餐厅。

是一组现代雕塑，又如传统碑林，成为一个有中国特点的现代室内庭院。"[①]此景名为"碧苑天柱"。[②]

　　这一时期还有一些由国内设计师主创的宾馆项目在全国范围内产生了比较大的影响，包括杭州望湖饭店、北京王府饭店、北京国际饭店等。其中既有体现现代酒店典雅简约风格的作品，如由我国自己投资、设计、施工和管理的大型豪华饭店——北京国际饭店（1987年建成，原建设部建筑设计院设计），其大堂呈半月形，面积约400m²，局部高两层，正中悬挂重约2.6吨的镀金球灯，四周为十二生肖环雕，跳出了从中国传统建筑装饰语言中寻求灵感和内涵的常规思路，不仅很有中国特色，而且令人耳目一新；也有"夺回古都风貌"的代表性作品，如北京王府饭店（图2-21），大厅中央的中式拱桥式楼梯使整个空间显得局促和拥挤。当然，也不乏体现少数民族地域文化的优秀作品，以王小东为代表的一批接受了现代主义建筑思想熏陶的建筑师，在创作中注重民族地域装饰语言的形象表达和与现代技术的结合，如新疆迎宾馆接待楼（1986年，图2-22）、新疆友谊宾馆三号楼（1985年）、拉萨饭店（1986年）等。1993年由王小东、孙国城、黄仲宾等人设计的新疆吐鲁番宾馆新楼，汲取了地方传统民居"阿以旺"的特点，"以顶部自然采光的大厅为中心组织客房，既解决了大进深时照度不均、不足的弊病，又节省了建筑面积和能耗……"[③]

图2-21　王府饭店大堂（左）
图片来源：北京宾馆建筑.
图2-22　新疆迎宾馆套房卧室（右）
图片来源：中国建筑四十年——建筑设计精选.

　　上述这些宾馆大都选择了具有传统地方特色的装饰风格，比较境外设计师的同期作品（包括后文论述的上海商城），也有许多项目在室内设计中努力表现出中国特色，只是在本源的选择以及设计的再创作中各有千秋。抛开设计者对文化的继承或是尊重的出发点，这其中存在一个容易忽略的，但却是起到主导作用的因素——当时高级宾馆的服务对象主要是境外游客，包括港澳台同胞

① 中国城市与建筑编辑委员会等. 北京宾馆建筑.1993：83.
② 天柱为昆仑的别称.
③ 潘谷西. 中国建筑史（第五版）. 北京：中国建筑工业出版社，2003.

和归国华侨，这些人到中国内地的目的主要还是旅游和寻根，那么，在他们下榻的旅游饭店，中国传统元素的运用自然成了既能体现异域文化，又能体现血脉亲情的最佳载体。表 2-1 和表 2-2 为改革开放后到 1993 年入境旅游观光人数的统计，从一个侧面反映了当时涉外宾馆的客源组成和变化情况。当然，这种外部因素倒并没有导致设计师束缚于传统的法式或标准，而都以不同的方式来表达和诠释了对现代化中国建筑内部空间的理解，既有武夷山庄的乡土，也有上海商城的洋腔，既有阙里宾舍的正统，也有香山饭店的清秀。不过，也存在个别特例，如北京建国饭店的设计从某种程度上就介于后来的商务型或休闲式酒店之间。

外国人入境旅游观光人数统计表（单位：万人）　　　　表 2-1

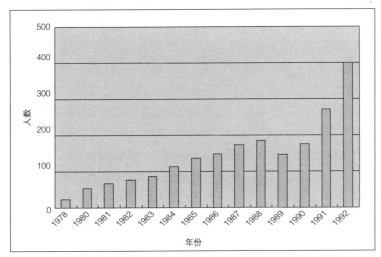

华侨及港澳台人士入境旅游观光人数统计（单位：万人）　　表 2-2

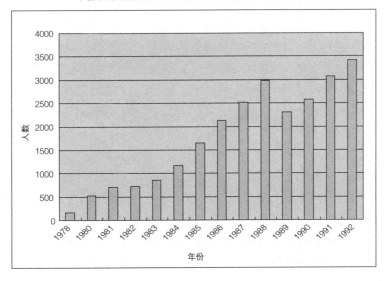

2.2.3 当代室内设计初次高潮的创作特点分析

经过一段时间的摸索，广大从业者对现代建筑室内装饰不仅有了初步的了解，也认识到了室内设计作为一个相对独立学科存在的必然性和必要性。在这一以旅馆建筑为代表类型的室内设计创作高潮中，有一些显著的特点：

（1）境外设计师所得到的较为宽松的创作环境，也使各种"拿来主义"有效地促进了从建筑设计到室内设计创作的繁荣。

抛开文化和观念上的差异和冲突，我们应该承认当时我国内地室内设计水平落后的局面。所谓"他山之石，可以攻玉"，虽然设计作品难免良莠不齐，但这种"拿来主义"模式是向先进水平迈进的务实手段。对于所谓"欧式"、"港式"潮流的侵蚀，更应该多一份理性的包容，而且随着时间的流逝，这些流派已自然消融在更为多元化的潮流之中。可以讲，改革开放的政策是中国当代室内设计发动、起步的钥匙，那么，外来室内装饰文化的导入则是促使中国当代室内设计走向繁荣的催化剂。同时，这种"拿来主义"有时也是双向的，境外设计师会在他们的设计创作中捡取一些反映中国特色的元素，如长城饭店的琉璃亭、上海商城的大红柱子。这不仅仅是出于对中国传统文化的单纯喜好，把这种逆向的"拿来主义"理解为对不同文化的尊重以及对设计中地域性的把握似乎更为恰当。

（2）注重室内设计手法与建筑设计风格的统一性。

一方面，这是室内设计还没有完全脱离建筑设计的必然表现，也说明这一时期，建筑师在整个项目设计中占绝对主导地位，能够掌控和指导室内设计的方向。另一方面，由于大量项目均为新建宾馆，在新建的单一功能建筑中，室内设计与建筑设计的风格往往更容易得到统一。但这并没有反映出室内设计手法多样化的特点，没能有效发挥和调动室内设计人员的主观能动性和创作积极性，是学科发展和认识水平局限性的正常表现。

（3）装饰材料和器具的相对匮乏限制了室内设计的创作表现方式。

分析初期的这些作品，镜面玻璃和镜面金属材料十分流行，泛滥之势引得某些保守人士频频发出抵制之言，仅仅是简单材料（如玻璃、不锈钢）有了新的适用场所，就与文化品位的雅俗扯上了关系，充满现代性的装饰材料在五千年的文化面前似乎成了洪水猛兽。也源于这种对于材料的时间属性的误解，以至于后来只要与现代的或者高科技的项目沾边，在材料或者色彩的设计倾向中，金属的银灰色就成了被普遍认可的象征色。常用的瓷砖、石材、墙纸和木材等材料的品种和花色也并不丰富，灯具和卫生器具的选择范围更窄，对后来十分常用的石膏板、矿棉板等应用技术的推广又刚开始，所以当时的室内设计创作手法没有体现出丰富多彩、游刃有余的特点，技法枯竭时就拿巨幅壁画或浮雕来凑的案例不胜枚举（图 2-23）。这并非想否认这些艺术作品的艺术成就，只是想借此说明当时国内相应技术能力的缺乏，壁画或浮雕等艺术作品都快成为室内设计创作的"万金油"了。物质条件的单一性也反映出当时的国力还无法

图 2-23 北京华都饭店餐厅壁画《山河颂》局部（王文彬等作）
图片来源：建筑学报.1982, 12.

支持大规模的材料进口，有限的进口材料也只能满足可批量生产和便于运输的规格品种，而不可能满足特殊性物品的多样化定制要求。这一突出的矛盾反而促进了后来的装饰材料加工生产行业的跳跃式发展。

（4）伴随着设计手法和设计理论的自我吸收和消化，业内也开始审视原有设计观念和设计体制的偏差。

一方面是开始强调建筑的经济性：不仅要关心前期建设费用，也要注意建成后的运行维护费用，特别是开始寻求通过控制旅馆建筑客房和辅助房间的面积技术指标来提高旅馆的经济收益。设计的观念从按部就班、贪大求全开始转向以商业效应为核心。另一方面，旋转餐厅、观光电梯、自动扶梯等能够充分表现"现代化"的技术成果得到广泛的青睐，甚至被赋予了强烈的象征意义，急迫地试图以物质上的现代化来证明整个社会文明水准的提高。对于室内设计的重点，尽管在许多项目中仍有浓厚的以二维界面装饰为基础的工艺美术化创作情结，这种情结甚至造成了一些人对室内设计的认识偏差，简单地把室内设计等同于建筑室内表皮的涂脂抹粉和锦上添花，但也正是发现了这种偏差，使得大家开始从注重建筑部件和内立面的表面装饰、图案设计以及陈设设计向注重内部三维空间转变，开始认识到室内设计师的工作重点不在于对所有软、硬装饰的逐一设计，而在于对这些内容的组织和选择。

从表 2-1 以及对相关主要项目的分析评判中可以看到，在 20 世纪 80 年代初期兴起的这一旅馆建筑的建设高潮中，境外设计或中外联合设计的项目占绝大多数，而且这些项目在建设过程中均有这样或那样的代表性意义，在多个领域起到了示范性的效应。"这提供了一个机会，使中外不同的设计思想、建筑手法、建筑技术、设计管理乃至……建筑设计体制第一次真正地全面接触、比较、冲突、融合、吸收。……是新时期之初建筑界在理论和实践方面弃旧图新的缩影。"①这些优秀设计师的作品，不仅使中国年轻的室内设计师们能够从中得到直接学习和借鉴的机会，也直接地为中国当代室内设计的起步和发展奠定了基础，而且这一基础也是造成其后一段时期内国内室内设计产生宾馆化趋同性的主要因素。

2.3　学术活动和法规建设

这一期间，除了修订的原有的一些相关建筑设计规范外，对于室内设计影响比较大的，是国家对于旅馆饭店设计标准的重新制定。1986 年，针对前一时期有些旅游旅馆在建设中存在设计水平低、标准过高、规模过大、超投资多、投资效益和经济效益不佳以及缺乏统一规划等问题，当时的国家计委会同国家旅游局、城乡建设环境保护部在原国家建委和国家旅游局 1979 年出台的《关于旅游旅馆建设的几点意见》的基础上颁布了《旅游旅馆设计暂行标准》。该暂行标准将旅游旅馆分为四级，每个等级均对应宾馆类建筑主要功能房间的面积、装饰、陈设、设备的建设标准进行了详细的规定，为后期饭店星级标准的出台以及旅馆建筑设计（包括室内设计）的规范化奠定了扎实的基础。

1988 年，经国务院批准，国家旅游局颁布实施《中华人民共和国旅游涉外饭店星级标准》，在建筑、设计以及服务等方面都作了符合当时我国国情的规定，同时开始评定工作。1990 年，以原建设部为主出台了行业标准《旅馆建筑设计规范》，编号 JGJ62—90，自 1990 年 12 月 1 日起施行。该规范将旅馆建筑分为六级，一至四级属旅游局管辖，相对于五星至二星级宾馆，五至六级则属商业局系统。这两项标准的出台，使得我国宾馆饭店的建设和发展有了较为统一和规范的设计依据。其中，前者后来又经过了几次修订：1993 年 9 月 1 日经国家技术监督局重新审核修订，作为国家标准正式颁布了《中华人民共和国旅游涉外饭店星级划分与评定》（GB/T14308-93），这是我国第一个饭店行业管理的国家标准。1997 年，国家技术监督局再次修订并作为国家标准颁布（GB/T14308-1997）。2003 年，国家旅游局和国家技术监督局根据形势的变化和十几年星级饭店评定的经验，第三次重新修订颁布了旅游饭店星级的划分和评定的国家标准，从概念上不再提涉外饭店。

在学术交流方面，最重要的是两个协会的先后成立。1984 年，中国建筑装饰行业协会成立，标志着建筑装饰行业开始成为建筑行业中的一个重要的分支；1989 年 12 月 7 日，在北京召开了"中国建筑学会室内建筑师学会"的成立大会，宣布"中国建筑学会室内建筑师学会"②成立。中国室内设计师终于

---

① 中国现代建筑史纲 . 天津：天津科学技术出版社，1989：144.
② 后更名为"中国建筑学会室内设计分会"。

有了自己的学术组织。学会通过了相关的组织细则，明确了学会的宗旨是"团结室内建筑师，致力于提高中国室内设计的理论和实践水平，探索具有中国特色的室内设计；发挥室内建筑师的社会作用，维护室内建筑师的权益；发展与世界各国同行间的交流与合作，为我国四化建设服务。"会议经过民主协商和选举，产生了第一届"中国建筑学会室内建筑师学会"的理事和理事会，选举曾坚为会长。

除了成立行业协会，逐渐壮大的设计师队伍也开始了相互交流和学习活动。1987年11月3日至6日，由同济大学建筑城规学院与中国建筑学会《建筑学报》联合举办的全国室内设计学术交流会在上海同济大学召开，与会代表近百人，23人作了学术报告或信息交流，会议期间还组织参观了部分室内设计的新项目。

1989年初春，中国建筑学会在北京香山饭店举行了国际建筑装修技术交流会，来自多个国家和地区的180名代表出席了会议。会议就建筑室内设计、装饰装修材料和建筑节能保温三个专题进行了三天的交流和讨论，促进了室内设计和装饰材料方面的技术交流，提高了对室内设计和装饰技术的理解和认识。这次会议是在学术范围内对国家实行改革开放政策近十年以来建筑室内设计领域的初次回顾，也从国家建设"小康"社会的发展目标着眼，展望了建筑装饰行业在未来十年的发展前景和机遇。

1991年，由原中央工艺美术学院（现名清华大学美术学院）张绮曼、郑曙旸主编的我国第一本大型室内设计工具书——《室内设计资料集》正式出版，该书全面介绍了室内设计的基本理论、设计流派、设计程序、设计方法，分类收录了各种室内空间尺度的设计参考数据以及各种装饰材料的通用参数和构造做法，同时，针对室内色彩、绿化、光环境以及家具陈设设计也有详细的阐述。该书既是对过去几十年实践的经验总结，又对当时及以后的室内设计产生了理论上的指导意义，资料翔实、易查、实用，不仅有许多当时国内并不十分普及的室内场所的概念介绍，许多技术参数也都考虑了中国人的特点。该书是迄今为止国内最为全面、系统和实用的室内设计专业的大型工具用书，是当代我国室内设计基础理论最重要的研究成果之一。

2.4 在公共建筑室内设计中的技术积累和理念突破

尽管宾馆、饭店的建设开启了中国当代室内设计的先河，但这一时期，在其他公共建筑的建设中，室内设计同样也取得了有目共睹的成就和进步，特别是在一些具有标志性意义或者带有浓厚地域特征的大中型项目中。

2.4.1 大中型公共建筑中的室内设计理念和技术的变革

相对于宾馆、饭店室内设计的奢华和专业化趋势，这一时期，在大中型公共建筑中的室内设计，更多地是由建筑师亲自操刀，所以在室内设计语言的表达上与建筑设计之间具有很强的整体性。同时，设计手法也比较单一、简洁、大气，没有过多的附加装饰，局部的彩绘、壁画或者浮雕依然是比较常用的装饰手法。但是，从中可以感受到当时工作、生活中的许多细节对于室内设计的影响，如1986年建成的上海电信大楼（图2-24，设计人：蔡镇钰、许庸楚、胡精发）的营业大厅中，我们可以看到当时的主营业务是电报和长途电话（人工），因此填写电报内容和呼叫电话信息的桌子占用了大片的室内空间。当然，建筑师们在有限的技术条件下对于室内设计理念的不断革新，更是促使这一时期室内设计在理论和实践上取得突破的内在动力。相对而言，交通、医疗以及文教建筑项目的成果更为突出一些，如上海新客站的跨线设计，北京图书馆的"三线藏书"管理模式设计，医院设计中的家庭化病房和双廊布局都对后期的室内设计产生了深远的影响。

例11　甘肃敦煌航站楼（图2-25）

设计人：刘纯翰
建成时间：1985年
建筑面积：1781m²

敦煌机场在莫高窟以北12km，是个很小的机场，当初的设计客流量仅为100人/日，但它是中国当代交通建筑中最具地方特色的设计项目之一，其学术和艺术水准不仅明显高于2006年建成启用的新航站楼（两者毗邻仅一二百米），也绝不逊色于国内一些建于21世纪初的干线机场的航站楼。当初设计时，"遵循'甘肃建筑师应该走一条西北人的创作道路'的创作思想，探求'中国当代西北建筑特有的地方格调和特色'，希冀通过创作实践，开拓一条自己所应走的道路，进而验证土生土长的地方建筑，只要赋予时代的活力，也是能够创新的。"[1]显著的地域差异造就了敦煌航站楼的地域建筑特色：航站楼由方形旅客大厅（30m×30m），圆形的综合楼（直径30.6m）及高16.8m的塔台组成。封闭敦实的外墙；土堡式的院落；参差错落的龛洞……

图2-24　上海电信大楼营业厅（左）
图片来源：中国建筑四十年.
图2-25　航站楼旅客大厅（右）
图片来源：建筑学报.1989,1.

---

[1] 建筑学报.1989, 01：33.

在建筑的内壁彩绘以东西方交流为题材的仿莫高窟壁画,透过彩色玻璃的小窗照射进来的光线暗淡迷离,更增添了东方瑰宝所在地的一份神秘感。设计者在用一种带有乡音的语言告诉来访者:这里就是丝绸之路上最璀璨的明珠"莫高窟"的所在地——敦煌。

可惜的是,这座精湛的当代建筑艺术作品在敦煌机场新航站楼启用后,不得不面对弃用的落魄境地。

例12 北京图书馆新馆(图2-26、图2-27)

设计人:扬芸、翟宗璠、黄克武

建成时间:1987年

建筑面积(一期):140000m² ;藏书2000万册

北京图书馆新馆是由周恩来总理提议并亲自审定的工程,坐落于北京西郊紫竹院公园北侧,现行方案是在杨廷宝、戴念慈、张镈、吴良镛、黄远强五位老专家合作的书库居中方案的基础上调整而成的,采用了高书库、低阅览的功能布局,传统的"山"字尽管对称严谨,但无法回避流线过长的缺陷,是以牺牲一定的适用性为代价。尽管认识到开架管理模式是现代图书馆发展的必然趋势,但受当时技术条件和传统观念的限制,该馆按照"三线藏书"的管理模式设计,书库和借阅根据书籍的版本条件和读者层次的差异分别采用了开架、半开架和闭架三种不同的图书藏阅方式。不过,三种藏阅方式并存的模式直至今日仍为多数大中型公共图书馆所采用,证明闭架、半闭架以及后来的密集架等集中藏书形式仍旧有一定的现实意义。

作为全国最大的综合性研究图书馆和国家图书馆,全馆的室内环境设计着重于改善读者的阅览条件和馆员的工作条件,而不是追求装修的奢华:高达9.6m的东门文津厅,由洁白的汉白玉八角柱、浅色矿棉吸声板和贵妃红花岗石地面构成了一个安静典雅的环境;各个阅览室也采用矿棉吸声板吊顶,配以条形日光灯带,地面为阻燃抗静电方块地毯,也增加了吸声效果。紫竹厅与出纳大厅连为一体,玻璃天棚直接采光,厅内水景、树木、花卉和矮凳围合成一个富有自然生活气息的清新环境。善本阅览室和出纳大厅分别装饰有大型紫砂

图2-26 北京图书馆新馆
目录厅(左)
图片来源:中国建筑四十
年——建筑设计精选.
图2-27 北京图书馆新馆
紫竹厅(右)
图片来源:中国建筑四十
年——建筑设计精选.

陶板壁雕《灿烂的中国古代文明》和陶瓷壁画《现代与未来》，表现了中国悠久的历史文化和人类对未来的无限向往。

例 13　同济大学建筑城规学院新馆（图 2-28）

设计人：戴复东、黄仁、陈保胜

建成时间：一期 1987 年；二期 1997 年

建筑面积：7700m² （一期）

新馆利用图书阅览室的屋面开拓出一片踏步型平台，上覆透光网架屋面形成内庭。在平台的前部北端设"大同芳名钟"，上刻全体教职工名字，故内庭又名"钟庭"。从王羲之、智永和尚、孙过庭和米芾的书法中各取一字组成"兼收并蓄"四字刻于内庭西北角，也符合同济大学兼收并蓄的学风。在东端墙壁上用瓷砖切割拼贴成双睛图案，黑睛内置圆方六十四卦图，蓝睛内置达·芬奇所绘人体图，寓意东西方文化的交流。这种通过不同符号表达东西文化差异和融合的方式在后来的清华大学建筑系馆、北京外研社（一期）等项目的设计中被多次采用。

图 2-28　同济大学建筑城规学院（一期）钟庭

例 14　上海铁路新客站（图 2-29、图 2-30）

设计人：魏志达、阴士良、王时

建成时间：1987 年

建筑面积：45200m²

首次采用高架跨线式布局方式，改变了我国大型铁路客站线侧式布局的惯用模式，将大部分候车室架设在站场之上，使候车室紧靠站台，同时设南、北

两个出入口，旅客可以选择在站场任意一边进出，流程顺畅、出入方便、候车舒适，特别是高架候车室的模式在之后的多个新建的同类建筑中（如沈阳北新客站、天津铁路新客站、济南新客站等）得到了普遍的推广。室内各个空间根据不同的性质采用了不同的设计手法。南、北进厅和高架通道重点表现空间的流畅和连续性；候车室则以宽敞、明朗为主，给旅客以亲切感和安定感。其中，南进厅高近13m，设有四台自动扶梯，既强化了空间内的导向作用，又增加了空间的纵深感。2000年，结合新客站南立面的改造，对室内的部分重点部位，如入口大厅、几个贵宾候车室等进行了重新装修，由徐访皖、陈钟岳等设计。这次改造运用了大量新型材料（如曲面铝板），使得新客站的室内空间，尤其是公共大厅更加明快流畅，很好地诠释了现代交通建筑的室内环境且强调便捷通达的设计理念。

图2-29 铁路上海站内景（左）
图片来源：中国建筑四十年——建筑设计精选.
图2-30 2000年改造后的新客站入口大厅（右）

从1984年建成的北京中日友好医院开始，到20世纪80年代末、90年代初，国内陆续兴建了一批满足现代医疗科技，体现现代医疗管理水平的医疗建筑，如北京同仁医院、杭州邵逸夫医院（图2-31，1989年建成，400个床位）、上海华山医院等。这些新建医院大都选择了高层模式，并将门诊部和住院部分开建设。住院部的护理单元多选择双廊布局，病房向少床室发展，同时配置卫生间。伴随着这些高层医疗建筑的出现，医疗建筑的室内设计也在一些全新的领域逐渐发挥出其特有的作用，如色彩和配饰设计与医患心理，楼层平面设计与亲情感应（如家庭化病房、非走廊式候诊专区），导视系统设计与空间组合和隔离，器具设计（洁具和家具）和人体工程学等。这些在其他公共建筑的室内设计中并不占据主导地位的要素，但在医疗建筑的室内设计中得到了充分的重视，如1990年建成的，由邢同和、金泽光、吴凤仙等设计的上海华山医院病房大楼（600个

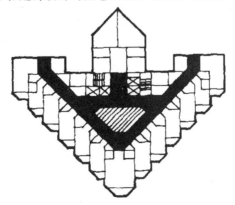

图2-31 杭州邵逸夫医院半岛式护理单元
图片来源：建筑学报.1999，3：41.

图 2-32 中国人民银行总行营业厅（左）
图片来源：当代中国著名机构优秀建筑作品丛书——建设部建筑设计院.

图 2-33 清华大学图书馆中庭共享空间（右）
图片来源：北京十大建筑设计.

床位），每个病房设有独立卫生间，方便患者，楼层护士台为开敞式，便于观察和医患交流。楼层设有相对独立的病人家属会见厅。病房内以蛋青色和浅米色塑造柔和安静的康复环境，甚至在放射科机房，也以充满活力的紫罗兰、樱花红来打破"黑色空间"的常规。

在 1990 年前后，还有一些项目比较瞩目，如周儒、王永臣等人设计的中国人民银行大楼元宝形建筑外观下的报告厅和大厅的室内设计（图 2-32），关肇邺、叶茂煦等人设计的清华大学图书馆新馆（图 2-33，20120m²；藏书 200 万册）中体现出的"尊重历史，尊重环境，为今人服务，为先贤增辉"的特点：出于对分别于 1919 年和 1931 由美国建筑师墨菲和我国老一代建筑师杨廷宝先生设计的清华大学图书馆的前两期工程的尊重，尽管新馆面积为老馆的三倍，却甘当配角，设计手法不求奢华新奇，但求低调得体。圆拱、红砖都表达了对历史的尊重，使之成了清华大学中心建筑群体的有机组成部分。

当然还有 1990 年北京亚运会，亚运会的举办除了极大地促进了首都体育场馆的建设之外，作为北京亚运会的配套工程，也相应促成了一批宾馆、商业以及居住建筑的建设，其中北京国际会议中心（图 2-34、图 2-35）的建成，全面提升了我国举办大型国际综合性会议的能力。该会议中心以多功能配套和灵活性使用为设计出发点，共设有大小会议室 45 个，配套展厅 3 个。其中，主会议厅可容纳 2500 人，并安排了可同时进行 8 种语言同声传译的配套用房。为满足多功能的需要，主会议厅不设固定座位，地面不起坡，但池座后部地面抬高 60cm，这样，会议厅可以按会议、演出、宴会或展览的不同方式进行灵活布置。同时，该会议厅和中会议室、高级会议室均设有先进的摄录像系统。记者工作大厅、指挥中心等场所则设置了

图 2-34 北京国际会议中心主会议厅的各种布置方式
图片来源：建筑学报.1990,10：19.

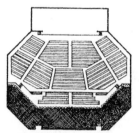
活动幕帘分隔、教室式布置

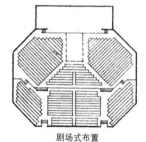
剧场式布置

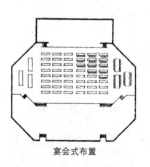
宴会式布置

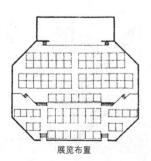
展览布置

可转播 11 个场馆活动实况的电视墙。此外，中心还配备了充足的国际直播电话、图文传真等设备，使之成了一座将现代通信信息技术与会议交流平台密切结合的先进的会议中心。

图 2-35 北京国际会议中心 2500 人大会议厅
图片来源：中国现代建筑装饰实录：211.

2.4.2 物质条件和精神生活改善的缩影

随着经济改革的不断深入，人民群众的物质条件得到了极大的改善，商品的配给方式逐渐从计划经济向市场经济过渡。凭票供应的商品逐渐淡出了视野，商场中，商品从数量到品种都有了几何级的飞跃，在 1990 年前后形成了一个席卷各地的大型综合商业建筑建设高潮，如沈阳铁西商业大厦（1988 年）、杭州大厦（1988 年）、乌鲁木齐友好商场、宁夏商业大厦（1988 年）等。1986 年，全国超万平方米的百货商店仅 25 家；到 1991 年，全国销售额超亿元的大型百货商店已经有 94 家。[①]这些建筑的室内布局基本都围绕着一个共享大厅展开，室内空间较为开敞通透，有些还采用错层式布局以减小长时间购物的疲劳感，自动扶梯开始在这些商场中大量使用。但是，多数商场依然以传统的零售百货为经营内容，售货单元也沿袭了传统的柜台销售模式，商场内的室内设计主要体现在一些新材料的使用上，其中 1986 年上海市百一店以及 1988 年上海华联商厦（原永安百货公司）的改建比较有代表性。

上海市第一百货商店始建于 1936 年，原为大新公司，营业面积约 20000m²，建筑设计者是留学美国的华人建筑师关颂声先生，商店于 1986 年进行过一次大规模的改造，改造设计由华鼎建筑装饰工程有限公司、华鼎建筑设计所负责，吴国力、张德庆、陈佩琛为主要设计者（图 2-36、图 2-37）。

这次改建，尽管并未对大型商场的经营模式进行根本性的改变，在大型商场的室内设计上也无突破性的创新，但整体方案还是符合当时中国的国情，并且考虑到了对原建筑风貌的保护。设计者意识到了开架式销售模式的先进性，但并没有盲目采取这类方式进行设计，只在三层成衣销售区域尝试了半开架的模式，毕竟当时的物质条件决定了商场的商品品种还是比较单一的，但批量大，而商业网点的数量却远不如现在。当时市百一店的日客流量已达到 20 余万人[②]，开架式布置方式在当时的条件下显然难以管理，所以这次改建基本还是采用了岛式柜台的销售模式，而且在一至五层间增设了自动扶梯以疏导客流，吊顶采用了进口矿纤板以控制商场噪声。整个商场以白色为基调以突出商品的展示，但每层的柱体和吊顶灯带的形状、材料以及组合方式各有不同，增加了各层的识别性。特别是针对建筑室内立柱多、柱距小的特点，用镜面玻璃包柱，不仅

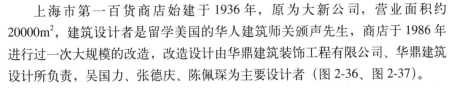

---

① 王晓，闫春林．现代商业建筑设计：10.
② 中国大型百货商场室内设计初探．建筑学报．1988，4：44.

铺面商场

图 2-36　上海市第一百货商店一层针织服饰区（左）
图片来源：建筑学报 .1988, 1.
图 2-37　上海市第一百货商店底层平面（右）
图片来源：建筑学报 .1988, 1：45.

造成了空间扩大的错觉，更增强了商场琳琅满目的氛围。类似的设计手法在其后的六七年内在全国的大型商业空间室内设计中屡见不鲜。

随着经济条件的改善，来自西方及港台地区的文化消费方式开始风靡中国内地的大小城镇，邓丽君和费翔的歌曲、琼瑶和三毛的言情剧、金庸和古龙的武侠小说、《上海滩》和《霍元甲》电影的热播在人们面前展示了文化大众化和娱乐性的一面，国人心中长期压抑的文化娱乐消费欲望得到释放，并由此产生了以歌手崔健的《一无所有》、郭峰的《让世界充满爱》以及电视连续剧《编辑部的故事》、中央电视台春节联欢晚会等为代表的本土大众文化的崛起。在文化系统内也借鉴经济体制改革的经验，推行以承包经营责任制为主要内容的改革，实行了以文补文、多业助文等措施，一直由政府包办的群众文化事业开始向政府、企业和个人共同兴办的多元化格局转变，文化的产业属性初露端倪，如 1987 年文化部等部委发布了《关于改进舞会管理的通知》，正式认可了营业性舞会等文化娱乐经营性活动。1989 年，文化部成立了文化市场管理局，国家对文化市场的发展开始采取允许和鼓励发展的政策，刺激了文化市场所在行业和相关娱乐产业的发展，老百姓在娱乐文化上的开支也日益增长。《中国统计年鉴（1996）》的相关数据显示：1985 年城镇居民户均在娱乐教育和文化活动上的支出仅为 55.01 元，到 1990 年已经达到 112.26 元。

外部政策环境的逐步宽松，让一些新的休闲文化娱乐产品走入了日常百姓的生活，如录像厅、台球房、保龄球馆、卡拉 OK 厅等，1990 年，最多时全国有五万多家大小录像厅。[①]这些时尚事物往往并不需要专门的建筑设计，宾馆、文化馆、体育馆甚至一般的办公类建筑稍加改动便可满足其使用要求（图 2-38、图 2-39）。因此，室内空间的再设计成为此类文化娱乐产业上马前的必经过程，此类文化娱乐产业也就成了室内设计的一个重要类型。在发展初期，此类空间对室内设计的视觉感官要求不高，除了强调房间之间的良好隔声外，即使有一些设计创意，在昏暗的灯光下也难辨良莠。织物软包、镜面玻璃外加

① 夜总会两点关门 . 三联生活周刊 .2006，7.

霓虹灯成了流行的装饰手段。此外，对球道、视听设备等硬件的高投入也成了此类文化娱乐产业的重要门槛。

电视机的普及，不仅深刻影响了人们的家庭娱乐生活，一些传统意义的群艺馆、文化馆、电影院等文化场所的室内设计也相应出现了一些新趋向：社会公益属性弱化，而娱乐消费属性凸显。在 20 世纪 80 年代末和 90 年代初，各地相继建设了一批新的影城、影都或文化中心。迫于文化市场，尤其是电视媒体的竞争压力，这些影城、影都为改变观众上座率不足的状况，多设计为一个多功能的综合体，往往拥有大小几个电影放映厅以及舞厅、录像厅、电子游艺厅等。电影放映厅的面积也大为缩小，单厅 1000 座以上的屈指可数，如常州亚细亚影城（图 2-40）、上海影城、石家庄影都等。一些旧的只有单一电影放映场所的电影院，也想方设法利用多余后勤用房多元发展。

图 2-38 北京中国大饭店保龄球场（左）
图片来源：中国现代建筑装饰实录：193.
图 2-39 北京京信大厦卡拉 OK 厅舞池（右）
图片来源：中国现代建筑装饰实录：235.

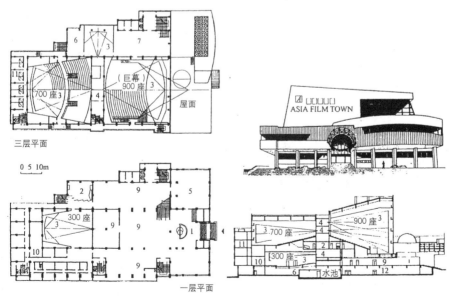

1—门厅；2—休息厅；3—观众厅；4—放映机房；5—多功能文娱；6—通风、空调；
7—餐厅、咖啡厅；8—展厅；9—商业；10—办公；11—宾馆客房；12—车库

图 2-40 常州亚细亚影城
图片来源：休闲娱乐建筑设计.

不过，随着民营资本逐渐成为娱乐产业的投资主体，舞厅、录像厅、电子游艺厅，特别是卡拉 OK 厅以及后来衍生出来的夜总会等歌舞娱乐场所，成了"黄、赌、毒"等社会灰暗现象的高发区，社会治安问题突出。因此，1993 年文化部颁布了《营业性歌舞娱乐场所管理办法》，该办法对开办歌舞娱乐场所的面积、室内照度等作了详细的规定，甚至要求包间必须设透明门窗。该办法初步遏止了歌舞娱乐场所内丑恶现象的蔓延，也成了少数跨行业对室内设计进行约束的行业规定。

中央电视台（1986 年）、北京音乐厅（1986 年）以及北京剧院（1990 年）是这一时期比较重要的涉及文化产业的项目，但是在其他文化娱乐项目层出不穷的环境下，这些重点项目在室内设计上并没有多少建树。

2.4.3　现代综合商务写字楼的雏形

这一时期，由于内外商贸交流的逐渐活跃，出现了许多小型的商贸企业以及外资驻设机构，需要为这些企业提供高效、先进的综合性商务办公场所。这些场所有较为完善的配套服务设施（如餐厅、展厅、会议场所），内部空间可以自由分割，甚至配备先进的信息网络系统，成为现代商务型写字楼的雏形，如上海的联谊大厦(1984 年)、北京国际大厦(1985 年)、上海瑞金大厦(1987 年)、上海外贸洽谈大楼（1990 年）、上海国际贸易中心（1990 年）等。这些建筑尽管设计的标准较高，但在设计中大都注意与一般宾馆类建筑的差异性，公共服务区域的设计实用简洁。部分项目采取商住一体化的设计模式，如北京国际大厦在标准层设置了 5 套公寓（图 2-41）。尽管这种建设模式所带来的同层混居问题造成了管理和使用上的诸多不便，但是这些建筑的出现，使得室内设计不再只为一座建筑、一个业主做整体的创作，而开始要区别对待一座建筑的各个单一或局部空间，室内设计开始体现出其复杂性和多样性的一面。建筑设计强调内外统一的理念开始被各个相对独立的片段所打破：不同的业主对室内空间布局和风格的不同要求，自然会造成一座建筑之内各种设计元素并存的复杂态势。这是对社会多元结构的自然反映，也为不同的使用者或设计者提供了以自己的方式解读和重构室内空间的机会，是社会对个体和个性尊重的表现。无论是建筑设计还是室内设计，都需要鼓励这种参与性的时代精神，并理性评价其结果。如果把这种综合性的建筑比作一座城市，千篇一律的风格一定会让我们迷失回家的路。当所有的乐器只会发出一种声音时，我们还能享受美妙的音乐吗？建成环境的整体性如果

图 2-41　北京国际大厦标准层和 27 层平面
图片来源：建筑学报 .1985，10：53.

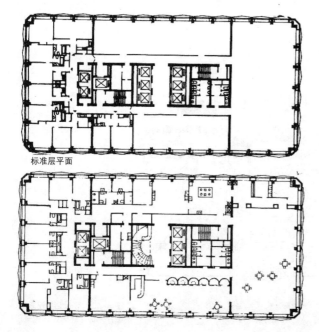

标准层平面

以牺牲个体空间的个性特色为代价，就是以单一的标准限制了创造的激情，只会陷入死气沉沉的境地，这是有悖于设计艺术的发展规律的。

2.5 西方文化及其设计理论的涌入和反思

国门的打开不仅带来了大师和大师的作品，也使得我们全面接触到了国际上权威的和最前沿的设计理论。柯布西耶的《走向新建筑》、赖特的有机建筑论、密斯的少就是多、符号学理论、布鲁诺·赛维的《现代建筑语言》、文丘里的《建筑的矛盾性和复杂性》、詹克斯的《后现代建筑语言》和《什么是后现代主义》、德里达的解构主义以及意大利"孟菲斯"设计体系等先后被介绍到国内，可以讲，在这一时期，在"解放思想、繁荣创作"口号的引领下，关于东西方设计理论的交流完全成了无限制的、一边倒。西方理论思想的短时间释放，使得许多设计师在强大的外部冲击力下失去了正常的明辨能力，对主义的沉迷和清谈取代了对现实问题的研究和实践，甚至将东西方文化的价值观简单地置于"二元对立"的矛盾立场上，反而从结果上阻碍了当代中国室内设计发展的步伐。

2.5.1 后现代主义理论对中国当代艺术设计发展的积极意义

有关后现代主义理论的大量论述，不仅让中国设计师惊讶于"现代建筑已经死亡"的观点，更是让建筑艺术一时成了所有艺术形式的先锋。后现代主义理论是对现代主义建筑的否定，但由于在这种理论被介绍到国内之际，中国建筑的现代主义之路才刚开始，因此，对于中国建筑而言，与其说是找到了摆脱现代建筑千篇一律的形式危机的灵丹妙药，不如说是为某些折中式设计或者符号式建筑提供了"看似立竿见影，实则牵强附会"的理论依据。后现代主义理论的致命缺陷在于：只发现了现代建筑对社会生活的负面影响，但却没有能够提出解决民生问题和超越现代建筑理论解决方式的切实主张，更没有拥有超越当时现代主义建筑否定古典学院派建筑时所依托的技术条件。因此，这一理论与当时中国国民经济建设所需化解的社会主要矛盾之间是存在明显错位的，也就在根基上失去了生存的土壤以及发展的机遇。尽管诸多设计师在进行创作时都宣称设计中体现了后现代主义理论的思想，但国内并没有出现得到业内公认的后现代主义建筑作品，纸上谈兵的竞赛作品可能更多一些，典型的室内设计作品则几乎无从查找。

不过，后现代主义理论对当代艺术设计的发展还是有一定的积极意义的：

（1）促使人们敢于对权威理论和社会主流认识作出批判和否定。对传统和过去的批判是时代进步的前提，就如同当年现代主义批判学院派的古典建筑理论一样。

（2）促使现代设计走向多元化发展之路。艺术设计的评判标准不应该是大一统，矛盾性和复杂性的背后是对各种艺术表现手法的包容。

（3）促使人们重新审视历史传统对现代文化归属的象征意义以及对人性的情感心理抚慰作用，也促进了国内对"符号学"的科学认识。

2.5.2 "共享空间"理论的广泛实践

当时以及随后的相当长时期内，对国内室内设计行业影响最大的要属约翰·波特曼（John Portman）的"共享空间"理论。20 世纪 60 年代初，美国建筑师约翰·波特曼于美国亚特兰大凯悦酒店（Hyatt Regency Hotel）首创了"共享空间"。它在形式上注重空间的穿插、渗透和变化，高大的主体空间内或周围往往设置一系列连贯的小空间，有立体绿化，随时上下运动着的观光电梯以及水景、雕塑，甚至天桥，仿佛赋予室内空间以生命，其勃勃生机令人目不暇接。"假如在一个空间中多余一种事物出现，假如从一个区域往外看的时候能观察到其他活动在进行，它将给人民一种精神上的自由感。"[①]这种"共享空间"往往出现在一些大型大进深商业空间中，不仅可以适度减少建筑中心部位对人工照明的依赖性，也模糊了内外空间的界限，是一种室内环境的室外化，满足人们在潜意识中渴望亲近自然的心理要求。"也正是这种兼具内外的暧昧性质使得中庭有了超乎它在建筑体验上的更高价值。"[②]

由于"共享空间"中的诸多元素都体现出了现代化建筑艺术的潮流，尤其是北京长城饭店的现身说法，使得"共享空间"成了现代化的时尚标签，诸多宾馆类商业空间竞相在室内塑造起"共享空间"，如 1988 年建成的北京奥林匹克饭店、天津水晶宫饭店（图 2-42），1990 年建成的上海新锦江饭店（图 2-7）、西安凯悦阿房宫饭店等。

不过约翰·波特曼在中国的第一个实践作品却并没有完全体现其倡导的"共享空间"的一贯原则。建于上海南京西路的上海商城项目（图 2-43、图 2-44）从 1984 年开始筹划，建成于 1992 年，由美国波特曼设计事务所设计，华东建筑设计院和日本鹿岛建设株式会社为咨询工程师。总建筑面积为 185540m²，是一组集展览、办公、宾馆、公寓、商场、剧场等于一体的建筑综合体，是以提供国外各种机构在中国上海的一个落脚点为设计目标的。1999 年，在其子杰克·波特曼的指导下，由美国 Bilkey Llinas Design 室内设计事务所负责，对酒店进行了

图 2-42　天津水晶宫饭店共享大厅

---

① 李耀培·波特曼的"共享空间".建筑学报.1980，6：61.
② 保罗·戈德伯格.约翰·波特曼.世界建筑（No.28）.台湾：胡氏图书出版社，1983：20.

改造。由于波特曼设计事务所直接参与了上海商城项目的商业开发，因此在设计中更注重消费文化属性下的商业利益。"如果说香山饭店代表了一种'精英'立场并具有某种'实验'性质，则上海商城是基于大众文化的'美国设计'在上海乃至整个中国的前哨战。"①所以，在上海商城的设计中并没有完全体现我国设计师所耳熟能详的波特曼风格——共享空间、旋转餐厅、观光电梯，仅在第四层设计了一个高4层的周围为办公用房的中庭。底层主入口设计为一个十分庞大而生动的开放式入口空间，该空间内所有的柱子均漆成红色，柱头有类似斗栱的装饰构件，由于"不是真正的结构构件，因而不与平顶直接接触，并且顶部带有照明，以强调其反传统的特征"。②众多细节体现出了设计师为体现中国建筑语言特征的努力，"带有明显的'并置'特征：车水马龙穿行回绕于简化的斗栱之间，螺旋楼梯包裹着湖石驳岸的水池植栽，明暗交织的精品商店隐向冷峻厚重的台基栏杆……"③但比较香山饭店中贝聿铭先生有意识地采取跨地域的设计语言，波特曼先生在设计中所体现的中国元素似乎混淆了中国建筑南、北的差异性，更有一种身处金銮殿柱林中的压抑感。难怪当时一些国内建筑师认为上海商城是外国人唱的一曲"洋腔洋调的茉莉花"。"……中轴线对称，坦荡荡一直到底，与中国传统的走不通的中轴线有很大不同。"④在如何让中国传统建筑语言应用于现代建筑之中的问题上，中外设计师有着明显的差异。

图2-43 波特曼丽嘉酒店大堂吧（拍摄：江滨）（左）
图2-44 位于四层的中庭（拍摄：江滨）（右）

2.6 住房紧缺时期的住宅室内设计

2.6.1 "分得开"、"住得下"的住宅设计

　　80年代的住宅，首先是要解决"分得开"和"住得下"的问题，即解决

---

① 薛求理."全球——地方"语境下的美国建筑输入——以波特曼建筑设计事务所在上海的实践为例.建筑师.128：27.

② ID+C.1999，3：18.

③ 薛求理."全球——地方"语境下的美国建筑输入——以波特曼建筑设计事务所在上海的实践为例.建筑师.128：27.

④ 时代建筑.1990，1.

大部分城市居民多代同室居住的矛盾以及多户共居一个大杂院等住宅建设的历史欠债问题。根据相关数据统计[①]，全国城市人均居住面积：1978 年为 3.6m²；1983 年为 5m²；1988 年为 6.3m²。根据 1985~1986 年的全国房屋普查，城镇住房中 75% 的居民住的还不是成套住宅，存在着大量的筒子楼、公共卫生间或者合居模式。1985 年"中国技术政策蓝皮书"中引入了"套"的概念，开始和建筑面积一起作为主要计量单位和控制标准。"套型"概念的引入，"意味着首次将居住文明水平纳入到解决住宅问题的评价体系之中"。[②]成套住宅概念的推广是向以公寓式住宅体系为代表的现代居住方式的根本转变，具有重要的历史意义。由于经济条件的限制以及解决住房问题的紧迫性，追求设计的标准化和建筑的工业化是这一时期住宅建设的特点，住宅的室内设计也仅局限于住宅的成套户型设计。

在套型设计中，重点在于分室的多寡，把卧室作为设计的重点，厨、卫、餐厅、客厅等功能性房间的设计基本都放在次要的位置，面积小、采光差、设施简单、流线混杂是较为普遍的问题。这种情况到 80 年代末才有所变化，住宅设计开始由睡眠型向起居型转变。

出于设计的标准化和建筑构件工业化生产的需要以及建筑抗震规范的要求，80 年代住宅的户型设计比较单一，五开间、一梯三户的设计成为各地住宅建设的标准模式（图 2-45）。特别是开间的设计：一个是许多横墙南北贯通；二是开间设计尺寸的模数化；三是受预制板跨度的限制，开间超过 4m 的设计很少。这里并非要否定标准化、工业化生产对住宅的贡献，更无法抹杀这期间的建设成就。所谓"看菜吃饭"，80 年代的住宅建设模式，是适应当时经济技术条件的。

这一期间，受室内面积的制约，为了满足家庭中会客、学习、休息等不同的功能要求，组合式家具受到了一些家庭的青睐，诸如新婚家庭、家中有新老两对夫妇的家庭，特别是在一些居住在老式筒子楼中的一室户家庭。在十几平方米的居室内，组合式家具是可以满足简单的功能分区，有效提高空间利用率的十分实用的一种室内设计模式（图 2-46）。这些家具注重实用性，充分利用竖向空间，按一定的模数设计，可以进行不同的组合，以适应家庭人员的阶段性变化。制作这些家具的材料也逐渐由实木的板材过渡到胶合板、刨花板等人造再加工板材。

1984 年开始，原南京工学院（现名东南大学）建筑系在荷兰 SAR 体系的基础上，在无锡进行了一项支撑体住宅的试点建设（图 2-47）。所谓"支撑体"，是指承重墙、楼板、屋顶和设备管道，而这次支撑体住宅的试验是尝试将"支撑体"和住宅内部其他部分（包括隔墙、厨卫设备以及部分家具）的设计和建造分步进行。"支撑体"部分的建设投入和建设标准由国家（或企业）会同设

① 建筑学报 .1989，11：2.
② 吕俊华，邵磊 .1978~2000 年城市住宅政策与规划设计思潮 . 建筑学报 .2003，9：8.

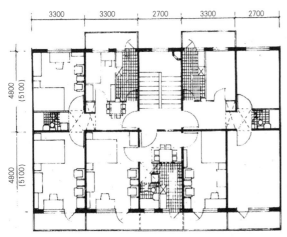

计师讨论决定，而住宅内部其他部分由住户承担费用，设计师在与登记住户[①]讨论的基础上提供多种方案，供住户挑选确定后，由专门机构完成装配和装修。该试点工程在建筑室内设计上有两个十分突出的特点：一是所有单位支撑体的平面类型均由一个同形状的母体衍生而来；二是每一种类型又可以变化出多种户型，而且还可以根据住户的不同要求，在一定范围内由用户自行确定室内装饰色彩和材料，这几乎是 21 世纪初期商品住宅"菜单式"装修模式的雏形，在我国住房制度改革的初期阶段具有相当的超前性。由此可见，尽管国家的政策和经济条件决定了住宅室内设计的发展方向，但住宅建设模式的改革同样是住宅设计创新不容忽视的重要因素。

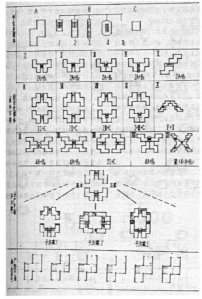

图 2-45 五开间住宅平面
图片来源:建筑学报.1982, 7.
图 2-46 居室室内设计（设计人：丛艺）
图片来源:室内.1987, 2.

图 2-47 支撑体住宅设计程序图解
图片来源:建筑学报.1985, 2.

2.6.2 城镇住宅建设标准的变革

1983 年底国务院发布了《关于严格控制城镇住宅标准的规定》。规定指出："从我国经济能力和严重缺房的实际情况出发，在近期内，我国城镇住房只能是低标准的。"该规定将住宅分为一至四类，详细地对这四类住宅的建筑面积和适用群体[②]。由于当时住宅建设的投资主体是国家，所以该规定是根据当时

---

① 由于当时购买商品住宅需要事先登记、申请，所以可以在设计前确定住户。
② 一类住宅，平均每套建筑面积 42 ~ 45m²，适用于一般职工；
　二类住宅，平均每套建筑面积 45 ~ 50m²，适用于一般职工；
　三类住宅，平均每套建筑面积 60 ~ 70m²，适用于县、处级干部及相当于这一级的知识分子；
　四类住宅，平均每套建筑面积 80 ~ 90m²，适用于厅、局、地委一级干部和相当于这一级的高级知识分子。

国家的经济实力所确定的较为科学的技术指标，在短期内对一些地区盲目提高住宅建设标准的趋势起到了抑制作用，也促进了设计和建设单位对小面积住宅的研究和实践。同时，还应该认识到，控制套均面积是以普惠性为目标的，是维持社会公平的重要手段，对短期内解决住房矛盾，特别是城镇特困户的住房问题是十分有效的。在这种政策的指导下，长外廊式住宅、穿过式厨房、集中式厕所的设计因为平面使用系数高而受到青睐。

但是，人为地以级别划分居住面积适用标准的做法带有明显的等级观念和计划经济色彩，也忽视了家庭常住人口数量的因素，是福利性住房分配体制的必然产物。即使在住宅建设已经全面商品化、市场化的今天，我们仍能够在局部领域看到这种计划经济的影响。

其二，人为地规定住宅建设的面积标准，也使得住宅的户型设计只能在一定的面积框架下进行户室的面积调配，"大厅小卧"抑或"小厅大卧"，都无法做到真正意义上的以住户调查研究为基础的按需设计！面积的限制成了户型设计僵化单调的主要原因之一。

其三，由于还处于福利性住房分配体制阶段，即使住户对住宅的装修标准有诸多意见，如安装窗帘轨道，厨房吊柜，灯具自理等，由于高于规定标准的要求，或难于操作，这些初步的、自发的涉及住宅室内设计深化范畴的内容并没有得到应有的重视和发展，也导致了住宅的使用者对住宅建设的"话语权"的缺失。

1987 年 7 月 1 日，由原国家计委批准，由城乡建设环境保护部负责主编的《住宅建筑设计规范》（GBJ96-86）开始实行。该规范中将住宅套型分为小套、中套、大套，其使用面积不应小于下列规定：小套 18m²；中套 30m²；大套 45m²。同时，对卧室、起居室、过厅、厨房、卫生间以及层高都有详细的规定。[①]尽管已经成为国家强制性标准，但行政的等级化色彩依然没有弱化。

2.6.3　住房制度改革试点

1982 年底，原国家建委及国家城市建设总局决定选择郑州、常州、沙市、四平四市作为住房补贴出售的试点城市。1984 年，又将试点扩大至全国 26 个省、市和自治区的八十余个城市。

1987 年 7 月，国务院批复烟台市住房制度改革试行方案，并于同年 8 月 1 日起执行。该方案通过提高公房租金，同时发放有价住房券的办法，"将住宅由实物分配转向货币分配，初步改革长期以来低房租高补贴的福利性分配制度，逐步把住宅的生产、分配、交换、消费纳入有计划的商品经济轨道……"[②]以此为起点，经当时的国家体改委确定的 17 个住房制度改革试点城市先后出台

---

① 如：第 2.2.1 条：卧室面积不宜小于下列规定：双人卧室 9m²；单人卧室 5m²；兼起居的卧室 12m²。
第 2.2.3 条：起居室应有直接采光、自然通风，其面积不宜小于 10m²。
② "坚持坚定性和科学性相结合，积极探索住房制度改革的路子"——俞正声（时任烟台市市长）（《人民日报》1987 年 8 月 4 日）。

了各自的住房制度改革方案。

1988 年 1 月, 国务院在京召开了全国住房制度改革工作会议, 决定从 1988 年起, 用三五年时间, 在全国城镇分期分批实施住房制度改革。根据会议精神, 国务院住房制度改革领导小组①制定了《关于在全国城镇分期分批推行住房制度改革的实施方案》和《关于鼓励职工购买公有旧住房的意见》两个重要文件, 这标志着我国住房制度改革已由试点转入全面实施的阶段, 标志着中国住房制度开始向住宅商品化迈进。

中国的住房制度改革的初衷是为了摆脱住房建设的困境, 改革的核心是实现住宅的商品化, 尽管这一自上而下的改革在推进过程中遇到了许多阻力和困难, 但其结果是在短期内有效解决了我国城镇居民的住房问题, 建立了一个较为完善的市场化的房地产市场, 不仅为随后的住宅商品化和私有化铺平了道路, 更为真正实现"居者有其屋"的理想奠定了基础。自 90 年代开始的住宅装修热的持续升温, 则与住房制度改革有着直接的关联。

80 年代初到 90 年代初部分境外设计机构设计的项目
（根据《世界建筑》1993 年第 4 期和《上海八十年代高层建筑》
相关文章和其他资料整理并补充）   表 2-3

建筑物名称	设计者	竣工时间
北京香山饭店	美国贝聿铭建筑事务所 + 戴尔·凯勒公司（室内） 北京市建筑设计研究院	1982 年
北京建国饭店	美国陈宣远建筑事务所	1982 年
中日友好医院	日建设计 / 日本伊藤喜三郎建筑研究所 北京市建筑设计研究院 / 核工业部第二研究院	1984 年
北京长城饭店	美国贝克特国际公司	1983 年
南京金陵饭店	香港巴马丹拿公司（建筑） 戴尔·凯勒公司 + 怡达·辛毕达公司（室内）	1983 年
北京京伦饭店	加拿大南塞·比尔柯夫斯基建筑事务所	1984 年
北京西苑饭店	香港夏纳建筑师事务所 北京市建筑设计研究院	1984 年
北京香格里拉饭店	日本观光企画设计社 日本大成建设株式会社	1986 年
上海华亭宾馆	香港王董国际有限公司	1986 年
上海静安希尔顿饭店	香港协建建筑事务所 上海市民用建筑设计院	1987 年
杭州黄龙饭店	杭州市建筑设计院（建筑） 香港许李严建筑师事务所（室内）	1987 年
北京奥林匹克饭店	日本久米株式会社 北京市建筑设计研究院	1988 年
西安皇城大酒店	日本松野八郎综合建筑设计事务所	1988 年

---

① 成立于 1986 年 1 月。

续表

建筑物名称	设计者	竣工时间
上海日航龙柏饭店	株式会社日本熊谷有限公司	1988 年
青岛海天大酒店	香港巴马丹拿建筑师设计事务所 青岛市建筑设计研究院（结构）	1988 年
天津水晶宫饭店	美国吴湘建筑设计事务所 天津市建筑设计院	1988 年
北京长富宫中心	北京市建筑设计研究院（方案 + 施工图） 日本竹中工务店（初步设计 + 室内设计）	1989 年
北京发展大厦	日本大林组（株） 北京市建筑设计研究院	1989 年
北京王府饭店	香港熊谷建筑设计有限公司	1989 年
北京天坛饭店	香港郭志舜建筑师有限公司（建筑 + 室内） 北京市建筑设计研究院（结构 + 设备）	1989 年
上海锦沧文华大酒店	新加坡雅艺建筑设计公司 上海市民用建筑设计院	1989 年
北京国际贸易中心 （中国大饭店）	美国索波尔·罗思公司（方案） 日本日建设计株式会社（施工图） 英国唐·艾什顿公司 + 中央工艺美院（室内）	1990 年
北京京广中心	株式会社日本熊谷有限公司等 北京市建筑设计研究院	1990 年
上海商城	美国波特曼设计事务所 华东建筑设计院 日本鹿岛建设株式会社	1992 年
上海日航龙柏饭店	株式会社日本设计有限公司 华东建筑设计院	1986 年
上海瑞金大厦	日本三井建设株式会社 上海市民用建筑设计院	1987 年
上海新锦江饭店	香港王董国际有限公司 + 香港潘衍寿顾问集团 + 上海市民用建筑设计院（建筑 + 结构 + 设备） 戴尔·凯勒公司（室内）	1990 年
上海城市酒店	香港瑞安工程（顾问）有限公司 上海市民用建筑设计院 株式会社大林组东京本社	1989 年
上海花园饭店	株式会社大林组东京本社 华东建筑设计院	1989 年
上海国际贵都大饭店	日本（株）青木建设与日本设计有限公司 新加坡赵子安联合建筑设计事务所 上海市民用建筑设计院	1990 年
上海太平洋大饭店	日本（株）青木建设与日本设计有限公司 上海市民用建筑设计院	1990 年
上海锦沧文华大酒店	新加坡赵子安联合建筑设计事务所 上海市民用建筑设计院	1990 年
北京凯莱大酒店	北京市建筑设计研究院（建筑 + 结构） 香港潘衍寿建筑设计公司（设备） 泰国利奥公司（室内设计）	1990 年

续表

建筑物名称	设计者	竣工时间
北京亮马河大厦	香港巴马丹拿设计公司（建筑＋设备＋室内） 中国建筑科学研究院（结构）	1990 年
中日青年交流中心	北京市建筑设计研究院 日本黑川纪章事务所	1990 年
北京金都假日饭店	香港冯庆延建筑师事务所 中国机械工业部设计院	1990 年
北京天地大厦	香港李鸿仁则师楼 北京市建筑设计研究院（室内）	1990 年
北京西门子培训中心	北京市建筑设计研究院 西门子海外建筑部	1991 年
新万寿宾馆	北京市建筑设计研究院 日本鹿岛株式会社设计本部	1991 年
北京港澳中心	香港建业工程设计公司	1991 年
北京国际艺苑皇冠假日饭店	美国许和雄设计所 中国建设部设计研究院	1991 年
北京金朗大酒店	北京市建筑设计研究院 香港蔡高建筑师事务所	1991 年
北京新世纪饭店	香港卢尊祖则师楼 北京市建筑设计研究院	1991 年
北京京城大厦	日本清水建设 总参工程兵设计所（施工图） 中国船舶总公司（钢结构）	1991 年
北京赛特中心	香港许李严建筑师事务所	1991 年
郑州机场航站楼	加拿大 B+H 事务所	1991 年
西安金花饭店	美国高恒公司（美籍日本人木元千夫）	1986 年
西安希尔顿大酒店	美国贝克特设计公司	
西安雅高人民大厦	夏麟龄建筑师（香港）有限公司	
郑州大酒店	香港加拿大工程顾问有限公司 郑州市建筑设计院	
天津凯悦饭店	香港潘衍寿设计集团	
天津水晶宫饭店	美国吴湘建筑设计事务所	1988 年
天津国际展览中心	香港许李严建筑师事务所	
天津喜来登饭店	新加坡实际建筑及土木工程有限公司	
北京燕莎中心	德国诺瓦尼曼纳公司 中国建筑科学研究院	1992 年
北京松鹤大酒店	香港迪奥设计顾问公司 北京永茂建筑设计事务所	1992 年
北京东方艺术大厦	清华大学建筑设计研究院 香港许李严建筑师事务所等	1993 年

第3章　中国当代室内设计的曲折发展和腾飞

（20世纪90年代初期至20世纪末）

　　从20世纪90年代初期到20世纪结束，伴随着国内外环境的跌宕起伏，中国当代室内设计也经历了曲折发展但仍旧稳步前进的十年。从1992年邓小平南巡讲话到1994金融和房地产市场的调控整顿，从1997年亚洲金融危机的爆发到国家拉动内需刺激经济持续稳定增长的一系列政策的出台，终于在世纪之交，迎来了又一次腾飞的机遇。社会的变革尽管也曾让部分参与者在纷繁中迷失了方向，但并没有让当代的室内设计停下前进的脚步，反倒使我们可以超脱于中西或古今的方法论之争，从管理者、投资者到设计者、建设者，都可以把注意力集中到设计的本体上。从国情和实际出发，将设计市场的规范管理、科学选材、改善环境、小康社会目标、计算机辅助设计和信息技术应用以及全民装修热潮的正确引导等一系列工作一一落到实处。在这一时期中，国家三次调整法定工作时间——1994年3月5日开始实行每周五天半工作制，1995年5月1日开始实行双休日工时制以及1999年国庆节开始黄金周休假制度，使中国人每年的法定休息日达到了114天。闲暇时间的增多，大大丰富了人们的生活内容，百姓用于餐饮、购物、旅游、健身、娱乐等的消费大幅度增加。1999年"十一"，当第一个黄金周试探着走来，在7天内居然有2800万人次进行"全国大巡游"，节后统计实现旅游收入141亿元。

　　正是财富的积累和闲暇时间的增多，使人们从满足现实的基本生活需要转向对精神生活的向往，从传统的生产—消费模式逐渐转向消费—生产模式。消费不仅成了缓解就业压力、拉动内需的强心剂，也促进了第三产业的发展。以第三产业为主要服务对象的室内设计行业，也自然得到全方位施展的机会，越来越多的国内设计师也开始承担起更多的重任，各种设计机构如雨后春笋般涌现出来。与此同时，走入国门的境外设计师的队伍也悄然发生了一些变化，以欧美地区为代表的一些国际著名的大型专业设计团队开始进入国内市场，如美国的SOM、KPF、RTKL、HBA、BLD，加拿大的B+H，澳大利亚的PTW，德国的EDAW，中国香港LRF等。这些著名的设计事务所并没有深厚的东方文化背景，但依托更为先进、成熟的技术，更为专业的经营服务理念，在 90 年代的中后期掀起了又一股引领时代的潮流。

3.1 经济转型下的室内设计

3.1.1 1992 年邓小平南巡讲话

80 年代末，改革开放正处于一个关键的历史时刻，在中国改革将向何处去等重大问题上，部分人迷失了方向。1992 年 1 月 18 日到 2 月 21 日之间，邓小平同志不顾高龄，前往有"改革开放窗口"之誉的深圳、珠海以及上海、武昌等地视察，并发表了一系列重要讲话。主要内容包括：革命是解放生产力，改革也是解放生产力；发展才是硬道理；科技是第一生产力等。南巡讲话全面解决了困扰国人的姓"社"姓"资"问题，明确提出了"三个有利于"标准，即改革开放的判断标准主要看是否有利于发展社会主义社会的生产力，是否有利于增强社会主义国家的综合国力，是否有利于提高人民的生活水平。

1992 年 10 月，中共十四大在北京召开，会议上第一次明确提出了建立社会主义市场经济体制的目标模式。十四大对经济发展速度作了大幅度的调整，决定将 90 年代我国经济的发展速度，由原定的国民生产总值平均每年增长 6% 调整为增长 8%~9%。中国掀起了新一轮改革开放的高潮——国有企业和股份制试点加快、开放粮价、汇率并轨、税制改革、放开商品价格，进一步开放国内市场等。这些都直接或间接地对室内设计行业产生了诸多影响。

3.1.2 宾馆建设的短暂低潮

80 年代末 90 年代初，国际形势动荡，国内旅游市场也深受影响，入境旅游观光人数持续增长的趋势受到了一定的抑制。表 3-1[①]为北京首都机场在这段时期年旅客吞吐量的统计。从前一章的表 2-1、表 2-2 的统计数值中也能明显看出这种变化。

<table>
<tr><td colspan="3" align="center">首都机场 1986 ~ 1995 年旅客吞吐量的统计　　　　表 3-1</td></tr>
<tr><td align="center">年份</td><td align="center">旅客量（万人）</td><td align="center">增长率（%）</td></tr>
<tr><td align="center">1986</td><td align="center">425.58</td><td align="center">25.35</td></tr>
<tr><td align="center">1987</td><td align="center">466.59</td><td align="center">9.64</td></tr>
<tr><td align="center">1988</td><td align="center">460.48</td><td align="center">-1.3</td></tr>
<tr><td align="center">1989</td><td align="center">351.63</td><td align="center">-23.64</td></tr>
<tr><td align="center">1990</td><td align="center">482.1</td><td align="center">37.1</td></tr>
<tr><td align="center">1991</td><td align="center">630.95</td><td align="center">30.88</td></tr>
</table>

① 建筑学报 .1999，12：24.

续表

年份	旅客量（万人）	增长率（%）
1992	869.97	37.88
1993	1028.8	18.26
1994	1164.14	13.16
1995	1504.5	29.2

国内高档宾馆、饭店稀缺的状况经过十余年的建设已得到改善，客房总数已达30万间[1]，这还不包括上万家旅馆和招待所。因此，以境外游客为主要服务对象的旅游宾馆的建设压力得到了缓解。尽管仍旧有新的宾馆建成开业，但与80年代旅游宾馆建设的鼎盛时期相比，具有典型代表意义的作品并不太多。

例15 北京大观园酒店

设计人：何玉如（建筑）；徐家凤等（室内）

建成时间：1992年

建筑面积：35000m²；客房400间

图3-1 北京大观园饭店大堂
图片来源：中国现代美术全集／建筑艺术卷4.

大观园酒店毗邻大观园景区，传统中国式的建筑形式既是与大观园景区协调统一的要求，也是以"红楼梦"为立意依托的结果。无论是大堂、中餐厅还是茶厅的室内设计，意境都来源于文学巨著《红楼梦》，追求的是深邃的文化内涵和雍容华贵的整体氛围。许多室内空间的设计取自《红楼梦》中的元素，如以"荣国府"命名中餐厅，大堂中以十二盏绣球灯隐喻"金陵十二钗"等。大部分公共活动空间的色彩则以灰、白、红为主色，在传统的环境中体现出喜庆的气氛。但是，将文学作品中的环境描述转化成具象的消费场所，等于在影像和文字之间画上了等号，即使是真实的场景再现也无法替代文学作品带给人们的想象空间，更何况"红楼梦"就不是史书！这种方式甚至被视为"当代室内设计'戏谑'文化的一种表现"。[2]大观园酒店以及大观园景区的建设，是"夺回古都风貌"方针下的产物，与同时期国内其他地区的一些人造仿古景观相比，只是更为考究实用而已，与其讲是对文化内涵的追求，不如认为是以文化搭台唱的又一出大戏。

---

[1] 建筑学报.1992，4：29.

[2] 崔笑声.消费文化时代的室内设计研究.中央美术学院博士学位论文.

例16 北京丰泽园饭店

设计人：崔恺、韩玉斌、周玲（建筑）；罗秀越（室内）

建成时间：1994年

建筑面积：14800m²

室内空间，大堂内以南北向中轴线对称布置两排红色柱列，使得本身空间并不大的大堂气度非凡并具有强烈的导向性。竖向的中庭则与大堂的水平向空间形成强烈的对比，中庭的室内园林呈现出江南小桥流水的意境，与大堂的对称格局迥异，其适宜性反倒不如长城饭店、阿房宫饭店的中庭处理来得成熟。丰泽园饭店的建筑设计一度被视为国内建筑师在后现代语境下的成功作品，不过，在室内传统设计语言的运用上，原本是出于对传统老字号民俗文化的呼应，但没有表现出传统庭院从水平空间向垂直空间转化的适应性，更缺少所谓后现代风格中典型的反讽或混沌的语境。类似自动扶梯的设置更是体现出了业主干预的强烈痕迹。①

图3-2 北京丰泽园饭店大堂
图片来源：当代中国著名机构优秀建筑作品丛书——建设部建筑设计院.

例17 敦煌山庄

设计人：甘肃省建筑设计院张正康、鲍超、张宏颖

建成时间：1995年

建筑面积：38000m²

山庄位于闻名中外的敦煌市南郊一著名风景区鸣沙山下，是丝路古道重要

---

① 根据对崔恺的访谈记录整理。

图 3-3　敦煌山庄大堂

图 3-4　敦煌山庄客房

的咽喉腹地，是由主楼（宏远楼）、别墅（厢苑）、专家楼（普贤阁）、学生楼（学仕楼）、餐饮大院（丰国祠）、生活大院（日月楼）、动力大院（星辰苑）、健身大院（静心堂）组成的建筑群体，有大小各类客房 300 间。敦煌山庄的建筑是糅合了历史传统、当地实际环境和现代化设备的混合体，如丰国祠的建筑具有典型的汉唐遗风，而宏远楼和厢苑等建筑的外墙均采用了一种俗名为"沙甩石"①的工艺（以当地沙石、草泥为主要材料的夯土墙），不仅防风、挡沙，保温隔热性能也很好。室内以朴素的砖木装饰风格配以浅色的、水曲柳材质的明

① 又称"坞壁"、"庄窠式建筑"，起源于汉末河西一带。以上小下大的夯土墙作为围墙，然后以这些墙体为后墙在墙内建造房屋形成院落，墙体可宽达 1m，一般无窗以避风沙。

清式家具；吊顶的局部采用苇席贴面，所有的地面均采用专门烧制的青砖铺贴，充满传统和地方特色；环大堂的三面墙体上直接绘制由原中央工艺美术学院杜大凯教授创作的《丝路丰碑》、《丝路英杰》、《丝路瑰宝》三幅系列壁画。大堂的吊顶源于莫高窟的莲花藻井图案。敦煌山庄的设计是以一种低姿态的技术路线和建立在地域文化之上的本土策略，打造出了一个与苍茫的大西北，与璀璨的莫高窟艺术殿堂相匹配的氛围和境界。

这些宾馆的室内设计已基本上由国内的设计师承担，尽管不能讲成绩斐然，但其中的进步是有目共睹的，尤其在对高级宾馆项目的整体掌控能力上，得到了充分的信任和锻炼。这一时期，国内建成的其他比较成功的高级宾馆还有外交部北京怀柔培训中心（1995 年建成，崔恺、谈星火设计）、上海商务中心（1995 年建成）、钓鱼台国宾馆芳菲苑、哈尔滨天鹅饭店（1997 年新西兰羊毛局室内设计大奖赛优秀奖）、上海国际网球中心（1998 年建成）、上海青松城（1998 年建成）。

和 80 年代国内活跃的创作气氛和观点交流相比，90 年代中前期行业内的学术探讨氛围却略显沉闷，除了对于"夺回古都风貌"命题的讨论外，鲜有令人振奋的观点交锋和辩论。倒是设计师的南来北上，通过跨地域的作品交流促进了设计行业的不断向前发展，如张绮曼设计的杭州金溪山庄、南京金丝利喜来登酒店（1997 年，南京市建筑设计研究院，78900m²，较早在客房中设置四件套卫生洁具的星级酒店[①]），广州集美组设计的浙江世贸中心大酒店等，后者建成于 1997 年，分三大部分：商务酒店、会展中心和写字楼，其中商务酒店面积为 35000m²，含 450 个自然间，是广州集美组辐射全国的一个重要的代表作品，也是"简约中式"设计风格的一个新的起点（图 3-5）。

图 3-5 浙江世贸中心大酒店大堂（摄于 2008 年）

① 1987 年建成的"珠江帆影"——广州南油中心主楼（4 号楼）已经设有四件套卫生洁具。

3.1.3　走向公众的室内设计

为了加快国民经济的发展速度，国家进一步加大了基本建设的投入，也就促成了一大批商业、金融、交通以及文化类项目的上马。单在 1994 年，在建和扩建的机场就有 17 个。[①]各省会城市，尤其是经济中心城市竞相进行以商业和金融业为主体的城市 CBD 的规划和建设，如北京的西二环、上海的陆家嘴等。伴随着城市中心的开发和更新，一批优秀的建筑单体项目应运而生。此消彼长，在宾馆建设处于短期低潮时，室内设计反而找到了更为广阔、更加贴近大众的表演舞台，办公空间、博览空间和商业空间是这段时期室内设计的主要对象，比较有影响力的项目有外交部办公大楼（图 3-6，1997 年建成，建筑面积 11700m²，其中的橄榄形门厅的设计寓意巧妙）、北京恒基中心、财政部办公楼、中国工商银行总行、威海中信金融大厦、苏州商品交易所、厦门国际会展中心、上海国际会议中心、北京国际金融中心、中银大厦（北京）等，而火车站、机场候机楼等交通空间的公共化属性，使得一些新建项目的室内装饰设计也成了大家关注的热点，如沈阳新北站、杭州火车新客站、厦门高崎机场、拉萨贡嘎机场（1993 年建成，建筑面积 10000m²）、南京禄口机场、首都机场 2 号航站楼等。北京西客站项目尽管受到"夺回古都风貌"政策的严重干扰，

图 3-6　外交部橄榄大厅
图片来源：当代中国著名机构优秀建筑作品丛书——建设部建筑设计院．

① 马国馨 . 迎接航空港建设的新时代 . 世界建筑 .

但建设者[①]对于项目建设的殚精竭虑的敬业精神和一丝不苟的工作态度，让我们依然能够发现不少值得学习的东西。不过，由于缺乏及时的理论更新和经验总结，某些领域的室内设计作品，总是多少带有些许宾馆化的痕迹。

例18　北京西客站（图3-7）

北京西客站是按日接送客流量60万人次进行设计的，主站房建筑面积43万 m²（接近上海站的10倍），地下、地面和高架立体交通组织的方式早于杭州铁路新客站。在室内的中央大厅和通廊等部位采用了大量的采光顶，极大地改善了室内空间的采光条件。设计中，在铁路股道以下预设了一座双岛四线双层地铁站和面积达22000m²的地下换乘大厅，这一"零距离"换乘的创新概念直到十年后在上海南站建设中才得以真正实现。

如此一个规模空前，需要解决复杂功能问题的重要交通枢纽，却被迫背负起抗衡西方现代建筑文化冲击的历史使命，成为体现民族传统、守护古都风貌的精神象征，进而在后来反对"夺回古都风貌"的浪潮中成了被集中批判的目标，其技术上的先进性和创新性几乎被众多口水所淹没了。

例19　中国工商银行（总行）（图3-8）

设计人：李朝晖（SOM），张秀国（北京市建筑设计研究院）

建成时间：1998年

建筑面积：73600m²

建筑规划总平面为外方内圆形式，目前建成的一期工程包括北半圆裙房部分及沿长安街的南半圆和一半方形组成的主楼。在方形外环和圆形内环间形成了一个47m多高的共享空间，成了此项目室内设计的闪光点：中厅采光顶外

图3-7　北京西站高架候车室中央通道（左）
图3-8　中国工商银行（总行）中厅（右）
图片来源：Skidmore.Owings &Merrill LLP Architecture and Urbanism 1995-2000.

---

① 当初五大设计院、九大建筑施工企业的数万名建设者。

部上方特别设置了可调节的反射板，巧妙地将自然光引入室内；空中圆形和方形主楼间穿插联系的钢制天桥丰富了中厅的空间层次和光影效果。室内装修以黑、白、灰为基调，主材为大花白大理石，地面用灰色石材曲线铺装的方式在白底上形成动感的图案，加上多组墨竹所增添的几抹绿色，使得整个中厅更显时尚魅力。

例 20　首都机场 2 号航站楼（图 3-9）

设计人：马国磐、马利

建成时间：1999 年

建筑面积：269000m^2（不包含地下室架空层）

这是由北京建筑师独立完成的第一座全钢结构的建筑，工艺流程和平面概念设计借鉴了美国洛克希德的方案，并邀请加拿大 B+H 事务所进行了工艺流程（主要是停机坪）的修改。简洁实用、朴素明朗的风格不仅没有使其丧失时代特色，更代表了社会价值观的某种转变。尽管也是大跨度的结构，尽管也是常规的地面进港、二层出港的模式，但有效地控制了开窗面积和室内空间的容积，对降低能耗是极为有利的。同时，开发地下空间作为商业服务用房，还在出港大厅和各候机厅设有夹层作为办公和商业用房，其室内空间的利用率是同时期机场建设中比较高的一个，在高低错落中不仅使空间富于变化，更充分体现了适应可持续发展要求的设计意图。不过，由于没有有效的物理分隔，部分夹层餐饮类商业网点也造成了机场出入大厅的窜味现象。

室内各主要大厅采用花岗石地面、铝合金复合金属墙面，吊顶采用方形、条形以及曲面等各种形式的金属板材，但弧形屋面容易产生声聚焦的缺陷仍旧给室内设计带来了一定的局限。各进出港的通廊均设有自动步道和明显的指

图 3-9　首都机场 2 号航站楼候机区

示标识，处处体现人性化。对于室内的照明，一方面充分利用条形天窗的自然采光，另一方面则大量设计了依靠顶棚漫反射的人工照明。加上大量外露的结构体系，形成了变化多端而极富特色的内部空间。醒目、清晰的标识指示系统设计是此类项目室内设计的重点，首都机场 2 号航站楼还专门进行了标识指示系统的设计，不过，在局部区域（如到达出口处），过多的文字信息反而有可能干扰旅客对于信息识别和获取的能力。

图 3-10　厦门高崎机场 3 号候机楼
图片来源：建筑学报 .2000,10：9.

可能由于是第一次接触如此大规模的枢纽机场的设计，尽管设计单位在许多方面以务实的态度进行了有益的探索和尝试，包括确定创作中的高技术表现路线，也强调了功能性在交通建筑设计中的主导地位，但是就最终效果而言，稳妥有余，震撼不足，面面俱到，亮点缺乏，也缺少一个国家首都的机场（如利雅得、吉隆坡等地机场）所应表达出的强烈的地域文化特点。由中央工艺美院袁运甫创作的"长城"（边检大厅）、"飞天"（国际厅）、"北京风光"（国内厅）等虽然在主题上也强调了环境的场所特征和民族特色，但在几十万平方米的建筑内，其影响力是根本无法代替在建筑空间创作上的地域性形式语言的识别作用的。这里所讲的地域性形式语言，不应当只是狭义的如北京西站、亚运场馆等大屋顶的外部形式，更应该是如同时期的浦东机场、厦门高崎机场（图 3-10，1996 年，加拿大 B+H 事务所设计）和杭州萧山机场（2000 年，加拿大 B+H 事务所设计）等项目中所表现出的能够在更广义的范畴下体现地域性特征的形式。但是，我们仍应该肯定以马国馨院士为核心的设计团队追求技术进步的创作精神和勇气，惟有从摸着石头过河开始，多实践类似的项目，有了积累才有可能突破从设计到施工的技术上的瓶颈，实现超越。

例 21　中银大厦（北京）（图 3-11、图 3-12）

建成时间：2000 年
建筑面积：174800m²

在由贝聿铭先生和他的两个儿子贝建中、贝礼中兄弟联手设计的这座建筑中，我们能够感受到华盛顿东馆和香港中银大厦三角形空间的又一次组合，而口字形建筑所围合的面积达 3200m²、高度达 45m 的中庭，已经不是香山饭店的简单复制和放大，简直是把一个中国式的园林从室外搬到了室内，使得建筑围合体的内面房间时刻都能欣赏这如画的中庭，当然，这是一个现代化的恒温

图3-11 中银大厦底层营业区
图片来源：ID+C.2002, 10.

图3-12 中银大厦从营业大厅望主入口
图片来源：建筑学报.2002, 6.

的园林。园林的中心是7组假山石，是经国家特许从3000km之外的云南石林运来的，山石被深4.5m的水池所围合，与天窗的倒影相映成趣。在这园林周边有一排十多米高的竹子，也是专门从杭州移植来的。整个中庭用三个花池分割空间，并通过台阶上下出入一、二层营业厅，地面都由从意大利进口的米色凝灰石和喷雾花岗石拼花而成。贝氏父子对江南传统私家园林一脉相承的偏好，也许和贝氏家族的历史背景有着深刻的渊源。但是，设计者为使用者（尤其是顾客）提供一处宜人的休憩和交往场所的本意，由于空间尺度的巨大和材料的冰冷，加上四处游荡的安保人员警惕的目光，留给人们的似乎只有拒人千里的矜持和仗恃，少了银行作为服务行业所应有的亲和力。这也是当时所有国内银行在设计中的一种带有普遍性的认识误区。

例22 厦门国际会展中心（图3-13、图3-14）

设计人：北京清水室内设计有限公司谢江、李伦、王淑俭等
建成时间：2000年8月
建筑面积：120000m² （其中展厅面积33000m²）
厦门国际会展中心位于厦门岛前埔填海区，与大小金门岛隔海相望，地理

位置显著，环境优美，规划建成了集商贸旅游于一体的会展业体系，形成了厦门市副中心区。建筑主体体量巨大，气势恢宏，是国内乃至国际一流会展场所。建筑尺度巨大，轴线清晰，主要空间相互贯通，气势非凡，是类似城市尺度的建筑空间，因此，设计师以一种城市设计方法来组织和统一空间。室内设计结合铺地、顶棚做韵律强的造型及空中雕塑，对原有纵向轴线进行强化和丰富，同时结合平面的不同分区、次序作收放处理，形成节奏空间，营造高潮。

在原建筑空间设计的基础上，添加较夸张装饰元素（包括造型与色彩），旨在刺激人们的视觉兴奋点，同时引发深层次的联想和满足，如国际会议厅——福建圆楼的概念设计。该项目中弧形金属扣板吊顶和倒锥形金属网眼柱帽的设计在作品出现后一度流行于大江南北。

在设计上较具创意的还有青岛国际会展中心、南京国际展览中心等，不过上述作品在室内设计中尽管已经摆脱了宾馆式的豪华和高贵，表现出公共建筑平民化的一面，但是大都是由于规模的巨大和建筑的特殊标志性而引人注目的。由于多方的重视，在这些项目的室内空间和界面设计中，对于文化内涵的表达视角也就比较高、大。倒是在少数小项目中，部分设计作品开始表达出设计对于现实社会的思考以及设计者的思想价值观，如1996年张永和完成的北京、南昌、武汉的席殊书屋室内设计，特别是北京席殊书屋中出现的架在自行车轮子上的可以移动的书架，使当代中国的室内设计开始和文学、绘画、音乐以及电影一样，成了反映社会生活的一种艺术表现形式，成了设计者观点和思想表白的场所。

北京席殊书屋位于一座办公楼的东侧，原本为一南北通道。在办公楼的西侧与书店基地对称的位置上则保留了供人车来往的过道空间，还停放着不少自行车。"通过西侧空间的现状"，让设计者"看到的正是东侧空间的历史"，并且"将这一观察转化为基地过去的使用——交通，与不久的将来要发生的功能——书

图3-13 厦门国际会展中心首层西门厅（左）
图片来源：中国当代室内艺术.
图3-14 厦门会展中心首层门厅（右）
图片来源：知音——海峡两岸三地室内建筑名师作品集.

图 3-15　北京席殊书屋室内
图片来源：建筑师 72.

店——重叠在一起"。①书车成为自行车轮子和书架杂交的产物，使书屋与城市的活动间具有了某种关联性。每个书车均可以支撑夹层的圆钢柱为转轴原地转动，也使得狭小的空间有了一定的灵活性（图 3-15）。设计者以一种空间的对称性完成了时间跨度上的轮回，2000 年书屋拆除，该空间又恢复了原来的交通功能。

3.2　大型商业建筑室内设计的新模式

　　经济的飞速发展首先体现在社会商品交易的不断繁荣上，但是，真正促使商业经营模式发生根本性改变，从而对我国商品零售企业中商品布局、商品陈列、商品交易、购物模式等所有室内设计范畴产生了巨大影响的因素，是国家对商业零售和流通领域利用外资政策的逐步调整和开放。

　　1992 年我国开始进行零售业对外开放试点，当年 7 月，国务院批准在北京、上海、天津、广州、大连、青岛六个城市和深圳、珠海、汕头、厦门、海南五个经济特区各试办一至两个中外合资或合作经营的商业零售企业，项目由地方政府报国务院审批，企业经营范围为百货零售业务、进出口商品业务。上海第一八佰伴有限公司于 1992 年 9 月经国务院批准正式成立，这是我国国内第一

① 建筑师 .108：64.

家中外合资的商业零售企业。到 1995 年 10 月之前，国务院正式批准了北京燕莎友谊商场（1992 年建成，德国诺瓦尼曼纳公司和中国建筑科学研究院合作设计）、上海第一八佰伴等 15 家中外合资合作零售企业。由于当时我国还处于开放初期，不仅进入燕莎友谊商场等场所必须使用外汇券[①]，甚至对于一些紧俏或进口商品也要求使用外汇券购买，从一定程度上限定了商品流通和销售对象的范围，这类商场的设计也就带有了某些特殊性和等级观念。

例 23　北京新东安市场（图 3-16）

设计人：香港王董国际有限公司 + 机械部设计院
建成时间：1998 年
建筑面积：216000m²

东安市场始建于 1903 年，期间数度损毁改造，始终兴盛不衰，是北京商业建筑的标志之一，其发展沿革的历史，透视出社会文化环境的变迁。"从早期的集市，到现代的百货商场，其建筑形态的每一次变革，都是对其特定历史时期、社会生活形态的再一次适应。"[②]这一次的建设，则采用了混合式商业中心——一种全新的建筑综合体建设模式，以大型购物中心为纽带，其间设置中小型专业商店，配有大量餐饮、娱乐设施，甚至含有宾馆、写字楼的现代商业空间。各部分之间存在相互依存、利益互补的互动关系，着意于建筑内部环境的塑造以及各功能分区间的有机联系。设计者在建筑外观设计中对于传统建筑文化意义的习惯性表达，却在内部商业化环境的"复杂性和矛盾性"中被消解了，再次证明了传统建筑意象在现代社会中的没落境地。

图 3-16　北京新东安市场中庭
图片来源：北京十大建筑设计.

此类商场以"一站式购物"（One-stop Shopping）为理念，改变了以往大型商业网点的传统经营理念，除金银珠宝、钟表、烟酒等高档商品仍旧采用封闭柜台式销售模式外，多数商品采用开放式柜组和自选式销售模式。不过，商

---

① 改革开放初期，由于国内商品供应还不够充分，国家外汇储备有限，为了方便进出国境的外宾、海外华侨和港澳台同胞在内地购物、探亲、旅游之用，中国人民银行自 1980 年起，开始发行"中国银行外汇兑换券"俗称的"外汇券"。1995 年 1 月 1 日后停止流通。

② 北京建筑图说.北京：中国城市出版社，2004：174.

场的平面格局与 80 年代的百货商店区别不大，方正的柱网和平面往往能够取得最大的经营面积，但空间的穿透性和识别性不足，需要通过顶棚和地面铺装的刻意设计来进行空间的水平引导。大量的自动扶梯成为解决这些购物中心客流垂直交通问题的必然手段，中央基本贯穿所有楼层的中庭更是必不可少（此类中庭的真正普及是在上海八佰伴建成后），中庭既是垂直交通枢纽空间，也是辨认内部空间方位的重要参照物。商铺大多采取分割出租、各自装潢的方式。在基本满足商场总体布局和形象的前提下，各个商品专柜的设计则基本由厂商的专业设计师负责，既保证了营业场所的秩序井然，又突出了商品的品牌宣传理念。不过，在异彩纷呈之余，也略显杂乱无章。

这种在"一站式购物"理念下建设的商业中心，与西方真正意义上的购物中心（Shopping-mall 或 Shopping center）的含义还是有一定差别的，它们还不是由各种各样的商店组成，而是经营着各种各样的品牌，可以讲，是升级版的百货公司（Department Store）。1995 年建成的上海新世纪大厦（图 3-17，即上海第一八佰伴）最具代表性，该建筑由日本清水建设株式会社和上海市建筑设计研究院设计，总建筑面积 144837m²，裙房从地下一层至十层为商场，面积为 10.8 万 m²，有五六百家品牌商铺入驻，不仅商品涵盖生活的各个方面，而且有更为细致的卖场布局策划，每个楼层所经营的商品是根据不同的消费形态（冲动消费或目的消费）以及购物客流量来确定的。商品大致按楼层分类，自下而上分别为化妆品、鞋类、女装、男装、文体用品（含运动装）、儿童用品、家电、餐饮以及休闲娱乐等，顶层大型餐饮小吃游乐区域的设置，可充分挖掘顾客在购物之余的消费潜力。同时期类似的项目还有北京的万通新世界商城、国贸商城、东方广场、庄胜崇光百货，上海的华亭伊势丹（1993 年）、东方商厦（图 3-18）、环球百货商厦、太平洋百货、巴黎春天百货、百盛购物中心、天津伊势丹、吉利大厦（图 3-19，2006 年改为米莱欧百货吉利大厦店），南京新街口百货商店二期，大连的胜利广场，沈阳的东亚广场，浙江的银泰百货（1998年）、杭州解百商城，厦门的华辉百货（1998 年）等，包括一些二、三线城市，类似的商场也竞相开业。尽管有一定的差异性，但这种以目的消费（也叫计划性购物）带动冲动消费（也叫诱导性购物）的模式基本覆盖了全国的同类商场，消费心理引导机制成了商场室内设计的首要因子。类似幼儿看护区、男士休闲区的设置，不仅是一种周到的服务体系，更应视为一种以成熟的消费心理引导机制为基础的室内设计。

食品和日用品销售则开始逐渐退出这些商场，成为随后出现的各类连锁超市、便利店的主营商品。有些保留的，也以销售高端进口日用品或休闲食品为主。这类购物、休闲、餐饮、娱乐及生活服务一体化的复合型商业集群，在现代化、高品质的消费环境下，满足了消费者购物的方便性和消费的舒适性，使居民外出购物不仅成了生活的必然，也成了大家闲暇时的一种消遣方式。这既是商品丰富后交易转入买方市场的充分表现，更是城市居民收入提高后购物消费开始倾向于非价格的便利性和个性需求的必然体现。

3.3 从欧陆（罗）风到文化类建筑建设高潮看中西文化之碰撞

图 3-17 上海新世纪商厦中厅（左）
图片来源：中国现代美术全集╱建筑艺术 4：36.
图 3-18 上海东方商厦服装部（右上）
图片来源：中国现代建筑装饰实录：37.
图 3-19 天津吉利大厦中庭鸟瞰（右下）
图片来源：中国现代美术全集╱建筑艺术 4：25.

3.3.1 西方古典主义的泛平民化

改革开放初期的"拿来主义"，让国内的设计师都切身感受到了西方现代建筑潮流的强烈冲击和艺术魅力，本以为可以进一步开拓出中国建筑的一片崭新的天地，不承想却刮起了一阵"欧陆（罗）风"。这股风不同于 20 世纪二三十年代国内西洋古典主义、折中主义建筑的建设高峰，也并非源自多数设计师的主观意念，更多的是对西方物质文明的盲目崇拜，所谓"爱屋及乌"，西方古典建筑形态成为一部分人所理解的现代文明的象征和标签，反映出了这部分人简单地把物质上的趋同与全社会文明意识的提高相提并论的狭义理解和浮躁心态以及"文革"造成的文化传承断层所带来的对民族文化精髓的认识缺失。这种缺失加上本土的传统文化自身缺乏及时的更新，使得外来的设计风格在一部分人的视野中被趋之若鹜。

这部分人包括一部分先富起来的阶层，房产开发商以及少数官高权重的政府官员，他们往往有机会先于专业设计师走出国门，饱览全球。虽然主观上这部分人都希望通过学习西方先进技术来促进和提高国内的建设水平，但他们对西方物质文明先进性的误读通过他们所拥有的资本和权力化作现实，进而又影响了一般人群对现代物质文明的理性认识。这种误导甚至会扭曲民族传统文化和中国当代建筑的理性发展。"欧陆风反映了长期封闭状态结束后的社会不同层面的复杂追求，既有经济翻身者认识体验和拥抱全世界的渴望，也有资本积累过程中对财富与权势的炫耀，也有对政绩、对告别昨天走向世界的自以为是的标榜。"[1]

值得注意的是，由于缺少专业圈内主流设计师的普遍认可和支持，对于这股"欧陆（罗）风"，尽管至今在某些区域还能领略其风采，但几乎没有留下类似上海外滩建筑的经典案例。对于一些采用类似风格设计的房产开发项目甚至政府办公楼，相信也会湮灭在历史的尘埃中，不值得浪费笔墨。在室内设计领域，"欧陆（罗）风"则表现出两种状态：一是随着装修的更迭而被迅速淘汰，成为过眼烟云；二是至今还频繁出现于一些娱乐商业场所，成为这些场所追求异国怀旧情调和奢华猎奇的一种风格标签，如各种仿制的古罗马、古希腊雕塑、柱式等的长盛不衰，原本渗透在古典主义中的精英化理念在不断的复制中被平民化了。

但有两个元素却在许多室内空间中不断地被强化：一是壁炉，这个在中国传统建筑中没有，在现代生活中也无必需性的舶来品，在一些高档的居住空间中，其装饰作用已经被无限放大。这其中既有体现个人喜好的因素，更有一种西方生活场景的符号象征意义。二是线脚，尤其是带有各种齿纹甚至镏金的石膏线脚。线脚本是各界面过渡和收头的一种技术手段，但在"欧陆（罗）风"

图3-20　带有西式线脚和古典柱式的家庭装饰
图片来源：中国现代建筑装饰实录：148.

强劲时期，凡装饰必有线脚几成规律（图3-20）。不仅石膏线脚充斥市场，在技术的不断跟进下，石材、木材甚至金属材料也统统可以加工出各种仿制的线脚。材料加工技术的先进性，指在不增加技术难度和加工成本的前提下满足非标准化产品的加工制作能力，完全被消解在繁琐的装饰细节的不断重复中。对西方古典主义风格（泛指）的崇拜，不管是"误读"还是"异用"，个中缘由令人回味。

由于东西方生活方式上的差异性，"欧陆（罗）风"的流行，

① 潘谷西. 中国建筑史（第五版）. 北京：中国建筑工业出版社，2003：457.

更多地表现在建筑物的表皮上，包括内表面的粉饰。就室内空间的功能化设计而言，无论是居住性空间还是商业娱乐类空间，并没有脱离中国特色，比如大多数的餐厅都有雅间或包房，住宅中敞开式厨房的设计依旧没有被多数老百姓所接受等。就对学科的发展而言，这些风格或手法只能是一种低层次的模仿，其本身就失去了设计的创作意义。这不应该成为开放政策所带来的中西文化交流的"硕果"。

3.3.2 加大文化建设的硬件投入

党的十四大对改革开放十几年来的实践和经验进行了科学的总结，明确要求在建立社会主义市场经济体制的同时把精神文明建设提高到新水平。鉴于对于精神文明建设认识的提高，国家加大了文化建设的投入。1996 年 10 月，中共第十四届中央委员会第六次全体会议通过《中共中央关于加强社会主义精神文明建设若干重要问题的决议》，决议提出："在城市建设中，要配套搞好公共文化设施。大中城市应重点建设好图书馆、博物馆,有条件的还应建设科技馆。"一批传承东方传统文明、体现祖国现代化成就的文化类建筑也相继建成，在这些项目的室内设计中，设计师并没有热衷于循规蹈矩地发掘传统装饰符号，而是充分运用现代化的各种技术和手段来诠释东方文明的博大精深，如陕西历史博物馆（图 3-21，1991 年，安志峰设计）、北京炎黄艺术馆（1992 年）。为纪念北大百年校庆而建的北京大学图书馆新馆（设计人：关肇邺、曹涵芬、李劲；建成时间：1998 年；建筑面积：27000m²）当时规模属亚洲高校第一，其室内

图 3-21　陕西省博物馆门厅

设计风格含蓄、古朴，力求凸显百年名校浓郁的文化氛围。在这些项目中比较突出的当属上海图书馆新馆和上海博物馆，还有后文中论述的上海大剧院。不宜片面地将这些项目的建成理解为与"欧陆（罗）风"主观抗衡，客观地从结果来看，出去走马观花式地考察带回的只有权势人物的一知半解，而大批公共文化设施的落成，不仅可以为国内外各种优秀的文化艺术提供展示的平台，更可以极大地促进中西文化的交流和了解，扩大受众面，成为中西文化沟通的桥梁和窗口。

例24 上海图书馆新馆（图3-22～图3-24）

设计人：张皆正、唐玉恩

建成时间：1996年

建筑面积：83000m²

该建筑方案是1986年方案竞赛中多个方案的综合优化方案，在功能布局和平面设计中有几个十分突出的特点：一是对于图书馆的三大功能——采编、阅览和书库，采取自下而上的竖向分区，不同于水平分区的模式，是对城市高层图书馆建设的有益尝试，也是国内较早采用"三统一大"[①]内部格局的图书馆。当然，这一创新是以先进的现代化图书检索设备为基础的。二是以主入口大厅联系东、西两区，对一般读者和特殊群体的差异进行有针对性的功能布局，突出上图特藏（古籍、近代）特色。三是以目录大厅为中心，放射式布置阅览室。

这三个特点对该馆的室内空间塑造产生了决定性的影响。主入口大厅高三层，是进入各个阅览区的交通枢纽，自动扶梯、电梯和楼梯等竖向交通均集中于此。南、北两侧的大片玻璃幕墙将室外的阳光和街景同时引入了室内，而在东、西墙面上以"知识就是力量"为统一内容镌刻了24种东西方不同的文字

图3-22 上海图书馆中庭目录厅（左）
图片来源：新中国建筑——创作与评论.
图3-23 上海图书馆出纳台使用的先进的自动检索设备（右）
图片来源：新中国建筑——创作与评论.

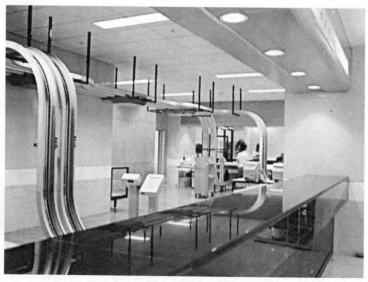

---

① 即统一层高、统一柱网、统一荷载、大开间，使内部空间可灵活地进行功能分区和调整。

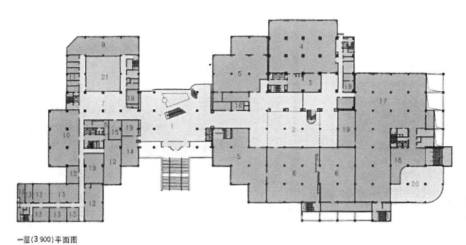

一层(3 900)平面图

图 3-24 上海图书馆一层平面
图片来源：新中国建筑——创作与评论.

（包括我国少数民族文字和世界语）。为塑造厅内的安静环境，大厅的吊顶采用了当时并不多见的微孔吸声铝扣板；在大厅的一层还设有一池静水，更有了一份宁静。中外文目录大厅则高达四层，上覆跨度达 10m 的圆拱形采光顶。尽管该目录大厅还有大量箱式的目录柜，但是已经启用了标志信息化时代的电脑目录检索终端。该大厅室内设计简洁大方，仅在回马廊栏板下方装饰书形图案并辅以绿化垂向中庭。大厅南侧有两幅巨大的艺术浮雕，主题为"上下五千年，世界文明史"。但在反映上图特色的特藏馆区（东区），设计者则采用了许多不同风格的传统设计语言，力求表达与史料古籍相映衬的沧桑和古朴。

当时上海图书馆以"当代的、上海的文化建筑、图书馆建筑"[①]来定位新馆的室内设计，力求在高雅、简明的格调中反映功能的先进性和文化的多样性，而视听中心、2000m² 的展览厅、音乐欣赏室、800 座报告厅、学术活动室、名人捐赠陈列室、贵宾室等各种功能活动区的设置，使其成为我国现代图书馆向综合性、多样性以及开放性等多功能方向发展的代表，这也正是海派文化"海纳百川，有容乃大"的生动写照。

在上海图书馆迁入新馆后，其老馆——位于人民广场西侧的原英商上海跑马总汇，于 1999 年由上海美术馆接管并进行了大规模的改建（图3-25、图 3-26）。改造由上海民用建筑设计院负责设计，除了保留和恢复原建筑的外观外，重点从展陈设计的角度对内部结构进行了针对性的改造：将西立面往西移出7m，加大的三层挑高空间用来放置宽大的楼梯，成功解决了参观的

图 3-25 上海美术馆栏杆的青铜马头花饰，曾经是原跑马会的象征
图片来源：ID+C.2002, 3.

① 新中国建筑——创作与评论：100.

图 3-26　上海美术馆柱头细部
图片来源：ID+C.2002，3.

图 3-27　上海博物馆中厅扶梯包首仿商代青铜纹饰的龙首造型（左）
图片来源：上海博物馆建筑装饰图册．
图 3-28　上海博物馆古代玉器馆陈列壁龛内光纤照明下的玉器（右）
图片来源：上海博物馆建筑装饰图册．

交通流线问题；敲梁揭顶扩大入口空间；开辟演讲厅、多媒体演示厅等。同时，还保留和还原了许多内部装饰的细节，使观众在欣赏展品的同时，回味 70 年前英式建筑的精美。

20 世纪 90 年代建成的上海博物馆（图 3-27、图 3-28），在室内设计中以还原生活的布展方式和全部采用先进的人工照明控制技术而使国内展陈设计水平达到了一个新的高度。项目的设计人为邢同和、滕典、李蓉蓉（室内）。该馆是一座大型古代艺术博物馆，由 11 个专题艺术馆和 3 个展览厅分四层围绕着中庭布置。中庭的栏板花纹取自战国青铜器上回首卷尾的龙纹；扶手端部为商代晚期青铜纹饰的龙头造型[1]；地面中央的拼花图案则取材于唐代铜镜上的花纹。上海博物馆配置了先进的多媒体观众导览系统，语音导览可提供 8 种语言的语音介绍。该馆的室内光环境设计代表了当时国内的领先水平，如玉器馆采用了德国研制的光纤照明技术，可吸收 420nm 以下的紫外线[2]；中国历代书法馆和绘画馆为保护艺术品，利用红外监控系统结合人流调节画面照度，有观众时，灯光照度可达 200lx，无人时则保持 50lx；而其他展馆则根据各自展品的不同反射光谱选择室内照明方式。尽管上海博物馆的室内光环境充分体现了对展品的保护和关注，但是全人工照明的方式对于室内环境的舒适度而言并不能令人满意，自然采光的缺乏不仅影响参观者的视觉印象，更会对馆内工作人员的身心健康带来潜在的不利影响。如何在创造完美的室内光环境质量和保护展品之间取得平衡，在关注展品保护的同时充分体现对参观过程的关注，成了摆在此类展馆室内照明设计中两难的选择。

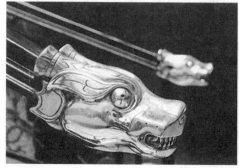
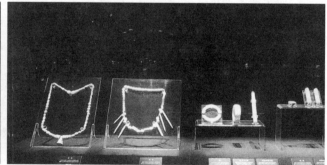

3.4　亡羊补牢，为时未晚——渐趋完善的规范建设

3.4.1　市场环境的初步规范

在 90 年代以前，国内的建筑室内装饰设计一般由土建设计单位负责建筑专业详图设计的一部分，或者由建筑装饰施工单位直接参与甚至全面包揽从设

[1] 上海博物馆建筑装饰图册：24.
[2] 中国博物馆建筑与文化：55.

计到施工的工作，缺少规范化的行业管理以及设计资格的认证标准。为了进一步规范国内室内设计市场，原建设部先于 1989 年发布《建筑装饰工程施工企业资质等级标准》，规定装饰工程施工企业可以同时从事设计和施工，后又于 1990 年颁布了《建筑装饰设计单位资格分级标准》，按甲、乙、丙三个级别进行申报和管理。由于二者同时并存、执行力度不一等原因，后者成效不大。直到 1995 年原建设部重新修订并试行《建筑装饰工程施工企业资质等级标准》，作出装饰设计从装饰工程施工企业中分离出去的规定，才使后者（1992 年重新修订）作用越来越大。根据中国建筑装饰协会的统计，到 1999 年，全国有装饰工程设计资质等级的单位有 900 多家，占全国 1.23 万家勘察设计单位的 7%。其中，甲级装饰工程设计单位 184 家，有 118 家企业同时具有装饰施工一级资质。这成就了极具中国特色的市场环境：由于许多项目的设计和施工为同一家企业，作为利益的关联方，设计人较难站在维护业主利益的立场上，对工程质量、进度，材料的选购等环节进行有效的监管。即使是一些独立的设计机构，由于项目的委托方大都是装饰施工企业而非项目建设单位，也无从保证自身的独立性。

装饰设计资格的认证，只是迈出了专业设计市场规范化管理的第一步，使得具备室内装饰设计能力的单位（包括多数装饰施工企业）获得了可以进入市场的渠道和通行证，并没有引导市场走向施工和设计分离的局面。由于当时施工获得的利润远高于设计收益，加上缺乏对于设计成果知识产权的保护意识，使得设计在室内装饰工程中完全处于从属的地位，而且室内装饰工程散、小、繁的特点，要完全按照建筑工程设计、施工、监理相互制衡的模式进行项目建设，在当时专业技术人才还相对匮乏的时期，也只可能在一些大型重点项目中施行。设计施工"一条龙"服务的模式是一种在表面上适应当时市场的行为，直接影响了整个装饰市场，尤其是设计市场的科学健康发展，室内设计师的独立性受到了严重干扰。由于造成了设计直接为施工服务和配套的局面，尽管在 90 年代初国家就对建筑装饰设计的标准进行了规定[①]，但设计师的劳动价值往往无从得到体现，不仅设计费用十分低廉甚至零收费，更使得设计质量陷入了恶性循环，揣测迎合业主的口味，抄袭模仿他人的创作反而成了创收的捷径。有时为了间接增加工程量，甚至对业主进行不适当的误导，使业主盲目地提高材料档次或者增加一些华而不实的附加装饰。设计和施工的一体化尽管有着一定的历史原因，但只有两者保持各自的独立性，才能保证整个装饰行业的健康发展。设计市场的规范化、科学化的管理有待进一步完善。

3.4.2 渐趋完善的政策法规

经过十几年的发展和积累，这一时期的国内建筑装饰行业已经取得了巨大

---

① 详见《中华人民共和国价格管理条例》和国家物价局（1991）价费字 24 号《关于明确从建设项目投资中取费审批权限的通知》。

的进步，在许多领域获得了积极的成果。但是，一些安全方面的隐患也逐渐暴露出来，尤其是火灾事故——1994年前后，各地陆续发生多起群死群伤的重大安全事故。[①]

1993年2月14日，唐山林西百货大楼火灾，死80人，伤53人，直接经济损失400多万元。

1994年1月30日，杭州天工艺苑火灾，直接经济损失近千万元。

1994年11月15日，吉林市银都夜总会火灾，殃及在同一建筑物内的市博物馆和图书馆，死2人，直接经济损失671万元，烧毁馆藏文物7000余件。

1994年11月27日，阜新市艺苑歌舞厅发生特大火灾，死233人。

1994年12月8日，新疆克拉玛依友谊馆发生特大火灾，死325人，其中大多数为观摩演出的小学生！

……

根据当时公安部消防局的不完全统计，在1994年前九个月发生的199起特大火灾中，有超过40%是发生在商场、市场、宾馆、歌舞厅等公共娱乐场所。分析造成这些悲剧的原因，不外乎消防安全意识淡薄，防火设施不健全，防火管理措施不落实等。但有一条重要原因在无形中加深了火灾的危害程度，造成了群死群伤的严重后果，即大量易燃装饰材料的应用，这些装饰材料不仅阻燃性能差，而且在燃烧过程中会产生大量有毒烟雾，根据几起火灾中罹难者的尸检分析，许多人的直接死亡原因是窒息。

应该认识到，当时相关的法规制度建设明显落后于社会发展的需要。《中华人民共和国消防条例》是1984年制定的，其中没有针对歌舞娱乐场所的适用条款。国家也没有及时出台一部有专业针对性的规范室内装饰材料应用的强制性标准。血与火的惨痛教训，使人们在痛定思痛后，开始认真审视在满足绚丽的表面装饰下，如何消除隐患，提高建筑的防火性能，有效保障人民的生命财产安全。

所谓"亡羊补牢，为时未晚"。1995年10月1日，由公安部主编，原建设部批准的《建筑内部装修设计防火规范》（GB 50222-95）开始实施。该规范在对建筑内部装修材料的燃烧性能进行了分级的基础上[②]，针对不同建筑物和场所的内部各部位所用装修材料的燃烧等级进行了详细的规定。该规范的制定和实施，初步遏止了国内装饰市场滥用各种有毒易燃装修材料的势态，也使得设计、施工、监理和建设单位在选择装饰用材方面有了权威性的国标依据。该规范对内部装修材料的燃烧性能有着严格的测试程序和使用规定，对部分常用装饰材料，比如木材、装饰织物等的适用性提出了更高的要求，但与人民的生命财产安全相比，放弃局部绚丽的外表并非无奈之举。况且，随着社会整体建筑技术和质量的提高以及烟感报警、自动喷淋灭火系统的普及，建筑物的自我

---

① 李湘洲，李凡. 警惕！美丽的隐身"杀手"室内设计与装修 .1995, 3.

② A不燃性；B1难燃性；B2可燃性；B3易燃性。

防护能力有了普遍的提升。加上生产厂家对各种阻燃耐火材料的研制开发，设计师的选择范围反而在该标准实施五六年后有了更大的扩展。

除了新制定了《建筑内部装修设计防火规范》外，公安部还会同原建设部在 1987 年修订了《建筑设计防火规范》（GBJ16-87），并分别于 1995 年和 1997 年对该规范进行了两次局部修订，在 1995 年修订了《高层民用建筑设计防火规范》（GB 50045-95），并分别于 1997 年、1999 年以及 2001 年三次对该规范进行了局部修订。这两部国家强制性标准的实施和多次修订，及时地将积累的经验教训、消防装备实力和社会实际情况结合了起来，反映出了主管部门与时俱进、实事求是的科学态度，特别是针对人员密集的歌舞娱乐放映场所的增加条款，对于以这些场所为主要客户群体的室内设计行业而言，更有助于引导整个行业进入依法管理的轨道上来。

不过，有时法规的建设往往并不具备前瞻性，对于装饰材料的使用限制还不足以完全防范事故的发生。以人员安全疏散为目的的法规建设与建筑或者室内空间私密性和防卫性的要求总是存在矛盾。当利益成本和风险成本的天平倒向利益方时，偶然事故的发生也就有了必然的一面。赶场群聚效应加上某些特殊时段娱乐场所人群的过量聚集，也就为事故的发生埋下了隐患。2000 年 3 月 29 日凌晨，河南省焦作市一家个体私营影视厅"天堂音像俱乐部"发生特大火灾，因大门被反锁，造成躲在里面观看淫秽 VCD 的近百人无处逃生，74 人死亡。3 月 31 日，文化部发出紧急通知，严格限定歌舞娱乐场所营业时间最迟不得超过次日凌晨 2 时，营业性游艺厅和录像放映场所营业时间不得超过午夜 12 时。2000 年 12 月 25 日，洛阳东都商厦发生特大火灾：由于地下一层丹尼斯量贩超市违规操作电焊引发大火，大火和浓烟沿楼梯蔓延至顶层，在顶层四楼东都歌舞厅聚集大量高温有毒气体，造成正在参加圣诞狂欢的几百号人在极短的时间内昏迷，其中 309 人死亡。前后两次特大火灾，令国内歌舞娱乐场所的消防安全问题再响警报。国家主管部门不仅立即出台了"所有娱乐场所凌晨两点必须停止营业"的强制性规定，在随后对相关设计规范的局部修订中，对于设置在建筑内的歌舞娱乐放映游艺场所以及网吧、桑拿浴室的防火规范又作了专门的要求，通过限制厅、室面积，加快疏散时间，提高分隔体的耐火极限，增加排烟、自喷等消防设施等方式提高这些场所的防灾保障能力。

3.5 计算机技术的普及和影响

3.5.1 关于计算机辅助设计

国内建筑行业使用计算机技术始于 20 世纪 60 年代，主要用于结构计算。计算机辅助设计 CAD 技术（又称 CAAD）大致开始于 20 世纪 80 年代中期，1985 年 10 月在北京召开了"电脑在建筑设计中的应用"学术交流会。但最初人们对计算机辅助设计的认识和关注更多地集中在如何自主开发相应的辅助设计软件和数据库上，导致了设计师的精力浪费在学习电脑编程而非软件应用上。直到 90 年代中后期，随着以 AutoCAD 软件[①]为代表的软件技术的不断成熟，各设计机构个人电脑的普及以及相关局域网络技术的成熟和配套打印设备价格的低端化，才使得计算机辅助设计真正替代了传统的绘图工具，成为几乎所有设计师手中的吃饭家什。

计算机技术的发展，降低了以图像为交流平台的建筑设计各个专业的信息储存、复制、修改以及传播的成本，同时也便于各专业配合和统筹。但是，CAD 软件的全面推广在某种程度上仅仅起到了图板、丁字尺和针管笔代替者的作用，设计师成了电脑绘图员，没有真正发挥计算机辅助设计的优势，而利用 3DS、Lightscap、Photoshop 等软件制作的电脑效果图，也仅仅起到了取代手绘效果图的作用。不过，如今电脑效果图却成了反映设计虚拟形态的明星，电脑效果图在某种场合甚至取代了平、立、剖面对于方案研究和评判的基础作用。需要认识到：对于虚拟环境的直观性表达依然需要通过平、立、剖面以及模型、文字信息等综合手段进行正确表达和逻辑分析，哪怕是室内效果图中最为直观的光线和材料仿真模拟技术，也受到制作和打印条件的限制。CAD 技术和电脑仿真技术是否真的可以抹杀设计师偶然的灵感，可能到现在还无法下结论，这就像电脑是否可以取代人脑的问题一样，有点杞人忧天，但未必荒谬。需要警惕的是：效果图作为计算机技术在室内设计应用领域最具形式表现力的产品之一，似乎将业主引入到了只关注形式美学的认识误区，不仅没有成为在设计付诸实践前检验设计师设计成果的便捷的辅助工具，围绕形式主义做文章的结果反而使每个项目缺少产生创作差异的逻辑必然性，符号化和菜单化的贴图所制造出的一大堆效果图让设计师的脑力劳动过程显得更为廉价，也使得国内设计师对于计算机辅助设计中的创造性能力产生了怀疑，影响了计算机辅助设计在许多功能上的继续开发和延伸（如 CAM 技术）。

3.5.2 电脑的普及和影响

除了计算机软件技术的普及，计算机硬件平台和操作系统的高性能低价格走势也是实现计算机辅助设计的关键因素。由于电脑价格昂贵，严重滞缓了设计行业开展计算机辅助设计的进程。尤其是需要强大性能支持的三维效果图和动画制作往往只能依托工作站，而工作站的资金投入不是几万元就能解决的。根据相关资料统计[②]："至 1985 年，全国只有 50 多个计算机站，各种计算机不足千台。"这种局面，直到 90 年代以后，当个人电脑的价格降至一万元左右后，才开始得到彻底的改观。微软的 Windows 操作系统通俗便捷，也为计算机技术的普及起到了推波助澜的作用。由于在价格以及三维功能上的优势，在室内设计领域中，PC 机的市场占有率远高于苹果机。当然，电脑的出现，尽管使

---

① 由美国 Autodesk 公司于 1982 年起推出的一款计算机辅助绘图和设计软件，基本上每年升级一次。
② 姜娓娓 . 建筑装饰与社会文化环境：144.

得设计机构在设计文件的存贮和交流上可以采用数字化的方式，但是以设计蓝图为基础的工程项目建设模式依然不会在短期内彻底改变。因此，设计单位除了需要人手一台电脑外，打印机、绘图仪、扫描仪等外部输出和输入设备（以HP 和 EPSON 居多）的采购是必不可少的。由于当时专业的打印绘图外包服务机构十分稀少，设计单位大都需要专门购置相关设备并安排专人和专用场所，不仅投入高（大型彩色喷绘设备单台就要十几万以上），利用率也有限，设备的折旧速度更是无法赶上计算机技术的升级换代。

如果讲电脑在设计领域的普及带来了一场设计方式的革命，那么，电脑在全社会的普及则是把整个社会都卷入了信息化革命的浪潮中。其中，办公自动化的发展不仅在银行、证券、图书馆等需要进行大量信息储存的场所发挥了巨大的作用，也改变了几乎所有行业的办公习惯。当键盘代替纸笔后，以人体工学为基础的室内家具设计就要考虑人在不同姿态下的工作尺度和活动范围：桌子高度降低，椅子需要稳定而便于移动。室内热工和声学环境的设计中则需要考虑电脑散发的热量和噪声的影响。

3.6 住房制度改革下的住宅室内设计

在 1991 年全国人大通过的"八五计划纲要"中明确指出："加快住宅建设，发展室内装饰业和新型建筑材料。"可见，住宅的室内装饰成了我国在 90 年代提高人民生活水平的重要举措。整个 90 年代，国家在住宅产业政策上的改革力度是极大的，从初期的商品房建设的第一次高潮到末期福利分房制度的终结，从小康住宅体系（或称小康居住模式的研究）目标的确立和实现到室内装修全面走入百姓人家，还有 1997 年爆发亚洲金融危机后，发展住宅产业成了国家拉动内需、保持经济持续稳定增长的重点之一。

3.6.1 住房制度改革和住宅商品化

我国巨大的人口基数以及城市化建设的压力，决定了国家在确立以建设社会主义市场经济为阶段性目标的背景下，不再可能以国家财政为投资主体解决城镇住宅的大规模建设。住宅作为基本生活资料的商品属性，也决定了住宅的商品化是我国改革开放后城镇住房制度改革的必然方向，进而通过完成城镇住宅从公有化到私有化的根本转变，实现城镇住宅建设的良性循环，改善和提高城市人口的居住条件，有效解决城镇居民的住房问题。到 1998 年，城镇户籍人口人均居住建筑面积提高到了 $18.7m^2$。1998 年以后，国家停止实物分房，改成了货币分配，同时培育和发展了以住宅为主的房地产市场。到了 2006 年年底，全国城市居民人均住房面积达到 $27m^2$（表 3-2）。[①]

---

① 相关数据援引原建设部副部长齐骥 2007 年 8 月 30 日就《国务院解决城市低收入家庭住房困难的若干意见》和全国住房工作会议情况的介绍。

城镇居民人均住宅建筑面积历年数值统计（单位：m²）　　　表 3-2

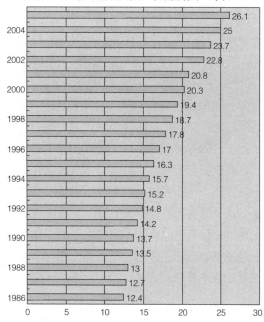

资料来源：根据《中国统计年鉴（2007）》表 10-35 的数据自绘。

孟子云："民之为道也，有恒产者有恒心，无恒产者无恒心。"[1]只有当城镇居民拥有一套真正属于自己的住房时，由于居所的相对稳定性的形成，才会对住宅室内环境的改善提出更高的要求，普通住宅的室内设计才会找到一个发挥的舞台和发展的契机。这样的室内设计，已完全突破了住宅建筑基本的遮风避雨、保温隔热以及户型设计的初级框架，从更高层次上追求居住的舒适性和安全性，不仅包括常规范畴的家具、色彩、材料，也包括室内温度、湿度、光线的利用和控制、室内声环境、室内空气质量控制、各类家电和卫生设备的利用等。所以说，住宅的商品化和私有化是我国当代住宅室内设计发展的一个基本前提。

《建筑学报》1993 年第 11 期刊登过对常州市许家巷 10 号大开间住宅 34 户家庭的实地调研报告（图 3-29）。[2]从这篇调查报告中，我们可以充分体会到在对待真正属于自己的住房时，住户为了却一生心愿所表现出的完全超越原始设计的空前的想象力和丰富的创造力。由于住户社会背景、经济实力、志趣爱好、文化修养以及家庭人口构成的不同，必然导致从住宅的平面布局、设计理念到装饰风格都不尽相同。另一方面，则明显折射出一种"毕其功于一役"的非理性心态以及由于缺乏科学引导所带来的家庭装修宾馆化的趋势。在我国住房制度改革过程中，类似的现象并非个别，这种由于住宅产权的转变所带来的对住户住房心理的震荡，对"家"的概念的重新认识是极其正常的和可以理解的。这还说明了一点——我们在设计中，特别是在建筑设计过程中没有充分

① 孟子 . 滕文公上 .
② 建筑学报 .1993，11：39-43.

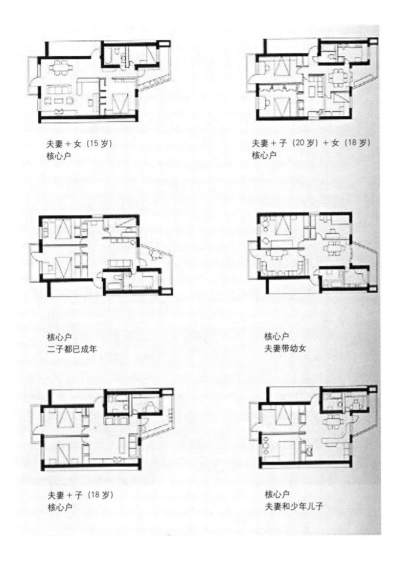

夫妻 + 女（15 岁）
核心户

夫妻 + 子（20 岁）+ 女（18 岁）
核心户

核心户
二子都已成年

核心户
夫妻带幼女

夫妻 + 子（18 岁）
核心户

核心户
夫妻和少年儿子

图 3-29　常州大开间住宅
平面
图片来源：1840-2000 中国
现代城市住宅：238.

考虑使用者的参与性，使用者只能在装修阶段尽力发挥自己的想象力和主观能
动性，从而完成从被动接受者和使用者向主动的参与者和设计者身份的转变，
这种角色的变换是住宅室内设计发展的重要因素。

1991 年，国务院发布了《关于全面推进城镇住房制度改革的意见》，确定
了城镇住房制度改革的根本目的和商品化的目标，并提出了建设住房金融和住
房社会化经营公司等一系列制度建设的内容。1994 年，国务院颁布《国务院
关于深化城镇住房制度改革的决定》国发 [1994]43 号，明确提出："城镇住房
制度改革作为经济体制改革的重要组成部分，其根本目的是建立与社会主义市
场经济体制相适应的新的城镇住房制度，实现住房商品化、社会化。"《决定》
同时允许向城镇职工出售公有住房，并要求所有行政和企事业单位及其职工均
应按照"个人存储、单位资助、统一管理、专项使用"的原则交纳住房公积金，
建立住房公积金制度。

1998 年 7 月，国务院以国发 [1998]23 号文下发了《国务院关于进一步深

化城镇住房制度改革加快住房建设的通知》，规定从1998年下半年开始停止住房实物分配，逐步实行住房分配货币化，同时全面推行和不断完善住房公积金制度。《通知》还扩大了个人住房贷款的发放范围，所有商业银行在所有城镇均可发放个人住房贷款。取消对个人住房贷款的规模限制，适当放宽个人住房贷款的贷款期限。该文件的施行，在20世纪末让许多人在短期内实现了住房梦或者明确了获得住房的方式：要么赶上末班车，成为福利分房最后的获利者；要么依托银行贷款，提前实现购买商品房的计划。不管通过何种途径，多数居民在获得自己的住房后，都要对房子进行装修，好让房子能够更好地满足自家实际情况，包括对虚荣心的满足。因此，住房装修热自90年代末期开始迅速升温。

3.6.2 住宅户型设计的发展与变化

1. 住宅户型设计的分化和细化

首先是在80年代末住宅建设开始从睡眠型向起居型转变。随着居住条件的逐步改善，城镇住宅不再围绕以就寝为主要目的的睡眠型设计做文章，在住宅中加大起居室或客厅的面积，分离并增强家庭生活中起居、会客、娱乐等功能性要求成为大势所趋，房间功能开始从"生理分离"向"居寝分离"进一步分化。业内对"大厅小卧"还是"小厅大卧"也展开了积极而热烈的讨论。起居室和客厅不仅成了组织家庭生活的主要纽带，更成了展示家庭物质生活水平和居住文化的重要载体，组合家具、电视、沙发是必不可少的，冰箱、洗衣机等时尚家电也会成为重要的陈设。但是，由于多数设计围绕客厅展开，因此，这一时期的住宅设计有一个较为突出的缺点，即多数房间均向客厅或起居室开门，使得客厅成了扩大的走廊，室内交通人流的相互干扰妨碍了客厅空间的独立性和完整性，增加了室内设计的难度。

从最初的"食寝分离"到"居寝分离"，甚至到卫生间的"干湿分离"，传递出了居民对居住要求的不断提高，也从一个侧面反映出城镇居民人均居住面积和居住的舒适度有了实质的提高，也只有在套型面积较大时，才有对房间功能作进一步细化的可能。特别是针对厨房、卫生间的设计，不仅在面积上得到了进一步的提升[①]，在布置上也随着整套住房面积的扩大而更趋合理，厨房尽量靠近入户门，卫生间则靠近卧室。

相对于这种户型设计细化的趋势，前面提及的常州市许家巷10号大开间则是另一种趋势，表现出了户型设计的模糊化。

随着居民生活水平的提高，除了功能分区的细化，住宅室内空间的组织开始向公私有别、动静分区的更高目标转化，如有的住宅采用了双流线的设计（图

---

① 根据1994年原建设部副部长谭庆琏在"建设部城市住宅小区建设试点工作会议"上所做工作报告中的数据：多数试点小区住宅的厨房面积达到4.5m² 以上；卫生间在3m²以上，有些小区已经尝试将洗脸盆从卫生间分离出来。建筑学报.1994，11.

3-30），使得功能分区不仅仅是房间数量的简单增加，更成了使户型设计满足或引导住户日常生活和行为习惯的技术手段。

2. 多层高密度住宅的尝试

由于居住文化所带来的惯性以及当时城市住宅建设中高层住宅中的成本控制问题，在面对城市化所带来的城市住宅建设需求时，如何在建造多层住宅时有效提高土地利用率就成了一个十分紧要的问题，甚至是"一个方针性问题"。[①]多层高密度在一段时间内成为住宅建设的主导方针。在住宅的户型设计上，出现了大进深、小开间、厨卫内移和内天井采光通风等诸多有效提高建筑密度的方式，在住宅层高方面，也从最高的 3.3m 逐步降低到 2.7m，以达到控制建设投资的目的。但是，这些对于室内设计而言，由于户型的回旋变化余地小、自然采光和通风条件不利，不可避免地损害了室内居住环境和住户的居住质量。多层高密度住宅的建设模式直到 90 年代中期才开始逐渐淡出人们的视野。

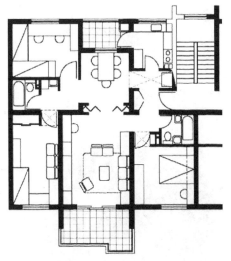

图 3-30 双流线住宅平面
图片来源：1840-2000 中国现代城市住宅：238.

除了努力提高建筑密度外，针对不同功能房间对房间高度的差异性要求，通过错层或复式楼层的办法来提高室内空间的利用率，也在一些项目中得以尝试。尽管空间利用率增加，但部分房间过低的室内空间高度对住户的生理和心理的承受力都是一个严峻的考验。变层高的做法不仅对老年人的行动造成诸多不便，不能够适应社会人口老龄化的变化，也增加了结构和管道布置的复杂性，对建筑的抗震性也有不利影响。

3. 高层住宅对户型设计的影响

20 世纪 30 年代我国有了高层住宅的建设，如 1934 年建成的上海比卡迪公寓（现衡山宾馆），70 年代建造的北京建国门外外交公寓则是以外交人员为对象的高层住宅。但高层住宅的真正兴起是在 80 年代初期，为满足特殊人群，如港澳台同胞及归侨、侨眷回国定居的要求以及尝试以高层低密度的模式解决中心城市土地和住房的突出矛盾，在北京、上海等中心城市陆续开始兴建高层住宅，"1987 年，北京住宅建设中高层的比例从最初的 10% 提高到 45%。"[②]《建筑学报》1985 年第一期刊登了三个建于上海的高层住宅的实例（爱建大厦、威海路高层住宅和乌镇路高层住宅）。其中爱建大厦由于是以港澳台同胞及归侨、侨眷为居住对象，故标准较高，两室一厅的户型建筑面积已达 96m²，而以旧城改造回迁安置户为主要对象的乌镇路高层住宅的户均面积只有不到

① 张开济. 多层与高层之争——有关高密度住宅建设的争论. 建筑学报 .1990，11.
② 1840-2000 中国现代城市住宅：239.

图 3-31   上海爱建大厦卫
生间和标准层平面图

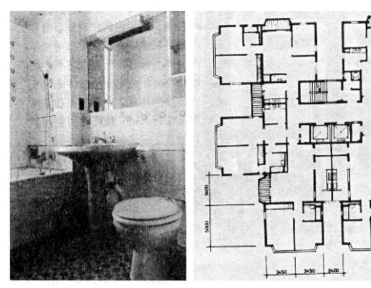

60m²。爱建大厦的户型平面与 90 年代末期已十分接近（图 3-31），内部装修标准也很高，厨房和卫生间内的设施一应俱全，且内表面用瓷砖全部铺贴到位，具有现在精装修模式的雏形。但受历史条件所限，无论是板式建筑还是点式布局，对高层住宅户型平面的研究以及地域环境的适宜性研究都不尽如人意。尽管建筑师也意识到这一问题，但是当时的社会环境决定了当时住宅建设的主要矛盾还不是舒适性，标准层一梯六户以上的设计能够提供更多的住房套数，但这些住宅的外部日照条件以及内部采光和通风条件往往不佳，而在某些冬冷夏热地区选择"井"字形、"开"字形等并不适合于地域环境的楼层平面设计形式也实为权宜之举。因此，在这些高层住宅的室内设计中，人工照明的需求就相对高一些。

伴随着城市化的进程，城市住宅建设中的土地成本所占比例大幅增长。尽管在 80 年代末 90 年代初，国内有过短期的对城市高层住宅建设的严格控制政策，如 1987 年底由当时的城乡建设部颁发的 650 号文件中，明确要求各地必须控制高层住宅的建造。但在推进住宅建设商品化的过程中，城市高层住宅的建设逐渐地占据了主导地位，成了化解城市居住和用地矛盾的首选方式。当建设成本不再是建造高层建筑的主要困难时，建造高层住宅是在城市中心提高容积率，进而增加开发收益的最有效方式。随着人们对住居条件的要求不断提高，每个单元标准层的户数呈逐渐下降趋势，一梯两户和三户成为主流。这种模式除了得房率低一些外，在户型设计上与多层住宅的差异性大为缩小。

3.6.3   家庭生活资料的更新和改善对住宅室内设计的影响

所谓开门七件事——柴米油盐酱醋茶，社会的高速发展和家庭财富的增长，使得老百姓的生活条件在改革开放后发生了翻天覆地的变化，尤其在 20 世纪的最后十年，老百姓生活条件的现代化普及在许多方面对住宅的室内设计产生巨大的影响。表 3-3 反映了近 15 年城镇居民家庭耐用消费品拥有量的变化。

城镇居民家庭平均每百户年底耐用消费品拥有量[①]　　　　表 3-3

年 份	1985	1990	1995	1999	2000	2005	2006
洗衣机	48.29	78.41	88.97	91.44	90.50	95.51	96.77
电冰箱	6.58	42.33	66.22	77.74	80.10	90.72	91.75
彩色电视机	17.21	59.04	89.79	111.57	116.60	134.80	137.43
录放像机			18.19	21.73	20.10	15.49	15.08
组合音响			10.52	19.66	22.20	28.79	29.05
空调器		0.34	8.09	24.48	30.80	80.67	87.79
淋浴热水器			30.05	45.49	49.10	72.65	75.13
排油烟机			34.47	48.62	54.10	67.93	69.84
影碟机				24.71	37.50	68.07	70.15
家用电脑				5.91	9.70	41.52	47.20
微波炉				12.15	17.60	47.61	50.61
健身器材				3.83	3.50	4.68	5.00

1. 家用电器的普及和更新

中国老百姓生活条件的现代化，首先就是从各种现代化家电产品走入寻常百姓家庭开始的。如同在建设高楼大厦时把观光电梯、玻璃幕墙等视为现代化标志一样，强调现代家用电器在住居环境中的存在性，也就自然成了体现家庭生活现代化的重要标志。这种认识也就决定了家电在当时住宅的室内布局中的重要地位。本应放在厨房的冰箱往往被摆放在客厅的显著位置；录像机、组合音响和电视机成为客厅的主角，黑白电视、彩色电视和背投式电视的不断升级所带来的不仅是电视尺寸的加大，也间接促进了住居建筑的某些功能性房间（如客厅）开间的扩大。尽管两者未必成正比关系，但从一个侧面反映出了家电产品的更新对住宅户型设计的影响。这种影响，除了面积的扩大，还需要在设计时考虑家电使用的方便性以及住宅内部空间的灵活性，而当城镇户均电视机拥有量开始突破 1 台 / 户时，客厅在家庭娱乐生活中的主角地位也就逐渐被分解了。当然，一开始由于受到无线信号接收的制约，有时电视的位置摆放也以信号优先为原则，但到有线电视（现在已经是数字电视）普及后，电视机的位置也就相对固定化了。既然固定了，也就随即有了固定的电视背景墙的出现，之间未必有必然的因果关系，但是这种方式通过室内设计语言的强化，再次凸显了家电的现代化魅力。不过此时冰箱已经回到了自己的原本位置——厨房，空调取代了冰箱在客厅的位置（主要在非供暖地区）。

2. 卫生设施的更新换代以及洗浴方式的变化

住宅面积的不断扩大，也势必带来住宅卫生间面积的扩大以及卫生设施的升级换代。蹲坑 + 龙头（好的便多一个淋浴花洒）是 80 年代建成的成套住

---

① 根据《中国统计年鉴（2007）》表 10-10 的相关内容摘录。

宅卫生间的标准配置，因此多数家中往往需要配置一个脸盆架。90 年代以后，由于人均住房面积的提高以及居民对于改善住居卫生条件的强烈愿望，洗脸台盆、浴缸（或淋浴房）和抽水马桶成了标准配置，尤其是抽水马桶在家庭中的普及，堪称改变中国人如厕习惯的革命。这中间还有一个比较关键的因素，即家庭热水供应方式的变革。以前燃煤是我国大部分地区的水加热方式，是无法有效解决家庭成员在夏季以外时期的洗澡问题的，只能通过锅炉集中供热（这里不是指冬季采暖）的方式解决城市居民的洗澡问题，澡堂浴室是 90 年代以前城市公共设施不可或缺的成员，但是当各种小型家用热水器（燃气、燃油、电、太阳能等）迅速普及后，在家中沐浴的主要制约因素也就消解了，公共浴室存在的社会需求锐减，改弦易辙者不计其数。至于桑拿洗浴中心的出现，应从其他社会需求的角度加以客观分析，与家庭洗浴方式的变化关联不大。

3. 炊事方式的变化（包括燃料、灶具、洗涤以及饮食方式）

当今的城市家庭中，尤其在多数大中城市中，已经很难找到采用燃煤方式生火做饭的人家了。厨房的革命，首先是从炊事方式的改变开始的，从液化石油气、管道煤气到天然气，从排风扇到抽油烟机，从预制水磨石水槽到不锈钢水槽，从铸铁煤气灶到电磁炉，从单门冰箱到双门冰柜，还有消毒柜、电饭煲、微波炉甚至烤箱、洗碗机等，家庭生活的现代化，在一定程度上是从厨房的现代化开始的。以前依靠家庭主妇劳动的买、洗、烧，如今完全被各种自动化的设备所统治。图 3-32 是一幅 90 年代中期某家庭厨房的设计草图。厨房的室内设计，有时不仅是炊事流程的合理安排，更是对于各种小家电自动化功能的开发和协调。至于整体橱柜的流行，只是依托工厂化的制作，把这种协调置于更完美的一体化设计中。当然，从技术上讲，高密度热压膜板以及人造石整体台板[①]技术的出现，是整体橱柜占领住宅厨房装饰市场的关键因素之一。

4. 家具设置的螺旋形发展轨迹

居住类家具的发展历程，在 90 年代经历了从成品到现场制作再到订单式

图 3-32　首都工程技术研究所康居工程小营小区两室一厅住宅厨房设计方案
图片来源：室内设计与装修 .1996，3.

加工的螺旋形发展轨迹。改革开放初期，人们根据所谓"48 条腿"、"36 条腿"就基本可以判断家里有几大件了！这些家具基本按一定的模数设计，采用木板或普通夹板制作，可以自由组合，个别家具具有多重功能，如书柜兼有书桌的用途，床兼有储物功能等。尽管也多出自家具厂家，但依旧没有摆脱手工制作的方式。当全民装

---

① 又称矿物填充型高分子实体材料，由天然矿石粉或颗粒、高性能树脂和颜料组成。

修热渐起，装修工人现场制作的家具由于利用率高，可以因地制宜地满足住户不同格局或式样的要求，所以成了住宅装修热潮中最令人跃跃欲试的参与项目，房间四面墙都做上壁柜或吊柜的家庭不在少数，除了希望获得宾馆式的装饰效果外，利用家具充分占有空间（尤其是在高度上立体式占有）是家具现场制作的主要目的。在步入新世纪后，随着家具工厂设备条件的升级换代、家具款式的全面更新以及家具质量和灵活性的提高，家具的订单式工厂化加工方式又逐渐获得市场的青睐。住宅室内设计中需要为现场家具制作进行的设计工作明显减少，设计师需要把更多的时间和精力花费在为客户选择能够满足室内整体氛围的成品家具上。

3.6.4　建设小康型住宅

自国家提出建设小康社会的目标后，住房成为到 20 世纪末整个社会达到小康水平的关键因素之一，"小康不小康，关键看住房"，这说明在小康社会中人们的居住状况应是十分重要的，自 1990 年起，对围绕着住宅建设领域的"小康住宅目标预测"、"小康住宅通用体系"、"小康住宅产品开发"等多个课题进行了研究，并在全国开展了中国城市小康住宅的试点、居住实态调查以及"小康住宅示范小区"、"康居示范工程"的建设。国家统计局于 1991 年会同其他 12 个部委按照党中央、国务院提出的小康社会的内涵确定了 16 个基本监测指标和小康临界值。其中，城镇人均住房使用面积为 $12m^2$（相当于建筑面积 $17m^2$ 左右）。这一指标在 20 世纪末已经达到并超过。到 2000 年底，我国城镇居民人均住房建筑面积大致为 $20m^2$。

其实，全面小康的居住条件在指标上并没有一个限定的标准，基本要求就是需要有良好的居住性、舒适性、安全性、耐久性和经济性。根据国家主管部门以及相关专家研究观点，涉及户型和室内设计方面的大致包括：需要有较大的起居、炊事、卫生、贮存空间；平面布局设计合理，体现食寝分离、居寝分离的原则，并为住房留有装修改造的余地；合理配置成套厨房设备，改善排烟、排油条件，冰箱入厨；合理分隔卫生空间，减少便溺、洗浴、化妆、洗脸的相互干扰；管道集中，水、电、煤气三表出户，增加保安措施，配置电话、闭路电视、空调专用线路；设置斗门，方便更衣换鞋等。这些内容在世纪之交的住宅设计中，大都得到了体现。要全面实现住房小康标准的主要在于住房的质量而不是数量，原建设部副部长刘志峰在 2003 年全国住宅与房地产工作会议上提出住房要实现从满足生存需要向舒适型的转变，基本实现"户均一套房、人均一间房、功能配套、设备齐全"，是对未来十几年内住宅建设全面实现小康的较为明确的要求。

3.7　学术活动的健康发展

一个行业的健康发展，必定需要依托学术研究和交流活动的同步开展。从

20 世纪 90 年代中后期开始，依托新西兰羊毛局和中国建筑学会室内设计分会，在国内先后开展了新西兰羊毛局室内设计大奖赛、中国室内设计大奖赛的评审活动。前者尽管具有经贸合作以及市场开拓的国际化背景，但是由于开创了全国性室内设计评奖之先河，对于宣传并鼓励优秀的室内设计创作，进而推动室内设计行业学术交流活动的普及和开展，起到了开拓性的重要作用。人民大会堂澳门厅（室内设计：王炜钰；1995 年建成）、香港厅（室内设计：王炜钰；1997 年建成）、全国政协办公大楼（室内设计：黄德龄；1995 年建成）、哈尔滨天鹅饭店（室内设计：张明来；1996 年改建）、上海青松城大酒店（室内设计：王世慰等；1998 年建成）、北京嘉里中心饭店（室内设计：Patrick Waring 和 Mee Khim Lim；1999 年建成）等项目先后获得大奖或优秀奖，王炜钰、姜峰、左琰、叶铮、马怡西等一批优秀室内设计师被推到了媒体的闪光灯下。后者基于中国建筑学会几十年的发展以及自身在全国行业发展中的领先地位，自 1997 年开始举办，当时就有 80 多个单位和个人送展室内设计作品。不过中国建筑学会室内设计分会的年会始于 1990 年，当年 11 月在江苏常州举行，到会 60 多人，大会主题是"怎样创造既有中国特色，又有时代感的室内设计"。后每年选择一地举办一次，并确定不同的主题，如 1995 年青岛年会的主题是"创新与民族化的探索，跨世纪设计新趋向及其他"，1997 年深圳年会的主题是"21 世纪的室内设计"。自 1997 年起年会与每年一届的全国性室内设计大奖赛合并举办，不仅成了业内学术交流的重要平台，也成了展示当年国内室内设计成果的窗口。众多的参赛人数和量大面广的参赛作品使其迅速成为国内众多室内设计评奖活动的佼佼者，而每次评选后汇编的《中国室内设计年刊》则成了同行间交流和学习的信息资料，更成了记录中国十年来室内设计发展的重要文献。但是，也许是众口难调，也许是鼓励大于肯定，获奖作品过多（近几届的送展作品已逾千件）反而影响了这一本应可以成为学术性大奖的权威性，而活动中掺杂的过多的商业化元素（商业赞助）尽管还不至于干扰竞赛的公正和公平，但对众多渴望在更大范围、更深层次内进行专业交流的设计师而言，竞赛以及学术年会本应浓郁的学术探讨和争鸣氛围显然在商业化的活动中被严重削弱了。

3.8　开发浦东与长三角地区经济腾飞的龙头作用

1990 年春节，小平同志视察上海返京后提出开发上海浦东的设想。1990 年 4 月 18 日，中国政府宣布开发开放上海浦东，提出以浦东开发开放为龙头，进一步开放长江沿岸城市，尽快把上海建成国际经济、金融、贸易中心之一，带动长江三角洲和整个长江流域地区经济的新飞跃。浦东开发开放为上海发展提供了历史性的机遇，经过十几年的发展，如今的申城，不仅城市的面貌发生了惊人变化，经济的高速发展更带动整个上海成了长三角地区经济腾飞的龙头，尤其是 90 年代中后期的一系列标志性项目的建设，更使得上海成为中国 90 年代改革开放成就的标志。

3.8.1 金融体制改革和亚太地区金融中心的重塑

为重新实现把上海建设成为亚太地区金融中心的目标，上海市政府试图将外滩地区建设为上海的又一个 CBD，让外滩重新回归金融街的角色。1994 年 8 月 23 日上海市政府发布《上海市外滩地区公有房屋置换暂行规定》，并于同年 11 月成立了"上海外滩房屋置换公司"，承担外滩区域的房屋置换工作。此后几年内，通过房屋置换，浦东发展银行、荷兰银行、美国花旗银行、美国友邦保险公司等多家金融单位入驻外滩，外滩金融一条街的格局基本形成。

不仅多家商业银行入驻外滩，五大国有银行更没有放弃对重塑金融中心的信心，这与 1993 年底国家决定进行金融体制改革有着直接的关联，根据当时国务院《关于金融体制改革的决定》中提出的"建立适应社会主义市场经济发展需要的以中央银行为领导、政策性金融和商业性金融相分离、以国有独资商业银行为主体、多种金融机构并存的现代金融体系"等金融体制改革的目标，五大国有银行以及各个商业银行打破诸侯割据，各管一方的经营界限，从 90 年代中期开始了一次全面改造升级和扩充营业网点的高潮（局部地区甚至是圈地式的盲目扩张），上海只不过是这一建设高潮的一个缩影。与外滩一江之隔的浦东陆家嘴金融区则先后建成了上海招商局大厦（招商银行，1995 年）、金穗大厦（农业银行）、国际金融大厦（中国银行，2000 年）、巨金大厦（工商银行）、交银金融大厦（交通银行，2000 年）、世界金融大厦（建设银行）、上海信息大厦（中国电信，2001 年）等一批以银行办公为主体的现代化高档写字楼。

这一高潮中，以省市一级分行为对象的新建筑固然有一大批，但更多的是以旧建筑为主体的旧有网点以及非银行类建筑的改造升级。在营业场所室内的升级改造中，除了为表现各家银行的形象和实力而不惜重金进行豪华装修外，主要体现出了这样几个特点：

（1）信贷部门的重要性显著提高，从人员数量、空间面积到装修规格均有了极大的飞跃，体现出了银行社会职能从公众的资金保险箱向以存贷息差盈利为目的的金融服务企业的根本性转变。

（2）信息化改造：一是计算机管理技术和网络的普及，沿用了几百年的算盘终于退出了历史舞台；二是信用卡的普及，ATM 机几乎是所有银行营业网点的必备设备，而 POS 终端的普及更改变了我们的消费习惯，"一卡走遍神州"从梦想逐渐变为现实。

（3）安防要求升级，监控摄录系统可以跟踪到每一个柜口，防弹玻璃取代了金属栅栏。对现金柜台更有具体的尺寸要求：高不小于 1.2m，宽不小于 0.6m，如果再加上内部办公家具的尺寸，往往超出了合理的人体尺度活动范围，对柜台内外人员的业务往来与交流造成较大的不便。

例 25　外滩 12 号——浦东发展银行

1996 年，浦东发展银行通过置换购得外滩 12 号大楼后，即耗用重金重新修缮大楼。从外面的门廊穿过三扇青铜框的玻璃旋转门进入门厅，见门厅平面呈八角形，其对角线长达约 15m，上面有一个奇特的穹顶（图 3-33）。这个穹顶由 8 根独立的赭色大理石圆柱支撑，圆柱的基座和柱头则是青铜的。门厅上层壁面及穹顶均有大型彩色锦砖镶嵌壁画[①]，修缮后的

图 3-33　外滩 12 号门厅
图片来源：新华网，图片作者网名：我自巍然不动。

壁画，在某些局部被作改动，如汇丰银行的行标都被改成了浦发银行的行标。八角形门厅有 5 个拱券通向主营业大厅，二层高的营业大厅富丽堂皇，厅内 40 根连排的爱奥尼大理石柱支撑着希腊式的格子顶棚，造型古雅的青铜灯具散发出柔和的光。一条用赭色大理石装饰的走廊贯穿了左侧整个西墙的长度，西墙上开着 7 个高大的券窗。大厅正中央的穹形玻璃顶棚长 120 英尺，跨度 33 英尺。大厅北端则有巨大的青铜窗户，这些保证了整个大厅的采光需要。

例 26　外滩 24 号——中国工商银行上海分行外滩营业处 （图 3-34）

外滩 24 号于 1924 年由日本横滨巨金银行投资兴建，民国时改为中央银行大厦，新中国成立后为中国人民银行华东分行使用，1996 年起为中国工商银行上海分行外滩营业处的营业场所。2001 年，由上海中建建筑设计院[②]对建筑内外进行全面的保护性更新改造，其中一层的营业大厅拆除了搭建的夹层及附加的构筑物，恢复了原来 8m 高的内部空间，并保留了原来的曲面玻璃穹顶，在没有整体改变原有使用功能的前提下，完全恢复了昔日的风采。[③]

---

① 1954 年装修大楼时，建筑师善意地将这些壁画封盖起来以免遭破坏。1996 年当工人除去八角形门厅上原有墙面涂料时，意外地发现了一度被人遗忘的壁画。壁画 8 幅，每幅宽 4.3m，高 2.4m。画面内容分别是汇丰银行上海、香港、伦敦、巴黎、纽约、东京、曼谷、加尔各答这 8 座城市分行的建筑与所在城市的背景，画面主体是象征这个城市的女神。上海的画面是汇丰的外观和海关大楼，主体是航海女神，还有象征长江与海洋的女神及上海商旗。当年由意大利工匠制作的这组壁画，气势宏大、构图巧妙、造型优美、栩栩如生。穹顶的大型镶嵌画内容取材自罗马希腊神话，画面中心是巨大的太阳和月亮，并有太阳神、谷物神、月神陪伴。画面外圈的 12 个星座则分别对准穹顶下的 8 幅壁画。门厅的下半部是由 8 个圆拱形门洞构成的，圆拱的拱肩上镶嵌有 16 个古希腊风格的人物造像，下面有拉丁文名词，分别代表了作为现代银行家必须具备的 16 种品质，分别是公正，镇静，平衡，哲理，精明，劳作，忠实，真理，历史，智慧，经验，坚韧，正直，谨慎，知识，秩序。

② 一说为美国 JWDA 建筑设计事务所设计。

③ 文勇 . 昨天与今天的对话 .ID+C.2002, 3.

图 3-34 中国工商银行上海市分行外滩营业处营业大厅修复前后的对比
图片来源：ID+C.2002，3：53.

3.8.2 独领风骚的标志性项目

1992 年春，小平同志又对上海提出了"一年一个样，三年大变样"的殷
切希望；经过了不到十年的发展，随着 20 世纪末几个标志性项目的陆续建成，
上海以独领风骚的现代化形象再次确立起了国际化大都市的地位。

例 27 上海金茂大厦（图 3-35 ～ 图 3-38）

设计人：建筑：SOM

室内设计：由三家美国公司、一家加拿大公司（B+H）和一家日本公司承担，

图 3-35 金茂大厦 56 层
的中厅（左）
图片来源：酒店官方网站
图 3-36 客房玻璃台盆（右）

图 3-37　客房中带卷帘移
门可双面使用的衣柜（左）
图 3-38　56 层咖啡厅（右）
图片来源：酒店官方网站

其中 SOM 设计事务所除了负责整幢大厦的建筑、结构、机电和室外总体设计外，还承担了主楼 1~50 层办公区、88 层观光大厅及裙楼 3~6 层公共商务区的室内装潢设计，BLD 设计事务所（美）担负了其中凯悦大酒店和裙房大宴会厅的室内设计

　　建成时间：1998 年；1999 年 3 月 8 日试营业

　　建筑面积：近 290000m²

　　金茂大厦是 20 世纪末我国超高层建筑中最具代表性的作品之一，也是得到中外人士普遍认同和赞扬的集现代和传统于一体的标志性建筑，曾获美国建筑师学会 2001 年度最佳室内设计奖。大厦内部以黑、金米色为主基调，借助多处部位乌金木与金箔的装饰，整个建筑的室内空间显现出金碧辉煌的氛围；而局部铁艺花格的应用，又隐约映衬出海派文化中的中西方装饰艺术交融的痕迹。设计者认为，其室内设计"乃是从上海发展过程中具有里程碑意义的三个不同文化时期"[①]的设计元素中汲取来的，即中国传统艺术和建筑文化的影响、19 世纪末 20 世纪初西方装饰艺术风格的影响和当代的现代化影响。

　　酒店大堂设于 54 层，高两层，通过大堂吧和自助餐厅可俯瞰浦江两岸，设计中考虑了局部的错层，照顾到了所有客人的观赏视线。这是最早在国内出现的设置于高层建筑标准层的酒店大堂，不仅布局紧凑，也使得国内设计师对于高层垂直功能分区和交通的转换有了直接的认识。当然，金茂大厦最令人眩目的是自酒店 56 层酒吧开始的酒店中庭。56 层酒吧可算世界上空间最大的酒吧间，面积达 80m² 的中庭壁画，在灯光的照射下色彩斑斓。酒店中庭则从 56 层向上直到塔尖，并略向内收分，底部直径为 27m，高度为 152m。客房层围绕着这个超级"共享空间"的空心筒体布置，客房外廊所形成的 28 道环廊扶

① ID+C.1999，5：45.

手在霓虹灯的照射下，熠熠生辉，犹如"金色的年轮"。每层栏杆都有两处外凸圆弧平台，每层等距错位，56 个小圆弧形成两条旋转的螺旋线一直延伸到顶端。高速电梯（轿厢为玻璃）则被隐藏在室内磨砂玻璃幕墙后面，只留下了上下穿梭的电梯轿厢的灯光。仰面相望，仿佛真的置身于"时空隧道"之中。

除了以上所述，金茂大厦，尤其是金茂凯悦大酒店卫生间中技术先进、质量可靠的配件成了超越当时国内所有酒店客房设计的技术保证，如洁具四件套的设计、初步的干湿分区、三喷头淋浴柱、复合台面板、玻璃台盆以及卷帘式衣柜移门（也可双向开启）等新技术、新产品的应用均令人耳目一新，完全改变了以往老三件的模式，也对客房卫生间的面积标准提出了新的要求。特别是优质的龙头、花洒以及玻璃淋浴间不锈钢玻璃门夹和高分子硅胶防水条密封技术迅速在国内相继建成的高档酒店中得到推广和普及。

金茂大厦的建成，几乎让所有的国内设计师都在惊叹之余反思其成功的关键，传统中国塔的外形以及室内设计中多处中国传统元素（如客房中的书法挂屏、明式家具）的运用，让许多人又找到了中国传统文化与现代技术能够紧密结合的佐证，也忽略了中国在超高层建筑和高星级酒店中的技术劣势，金茂大厦室内设计与施工中对于所有构配件节点的加工和装配环节的精密性要求充分体现出了当代机械美学特征——细腻而精确。建筑，也包括室内，确实需要与其所处的地域存在一定的关联，这种关联也不应仅仅局限于文化艺术领域。我们也许更需要反思，为什么我们坐拥五千年的文化，却未能在世界现代建筑史中占有显著的地位？为什么 SOM 的设计师并没有经历多少东方传统文化的充分熏陶，却能创造出令所有人都为之感慨的充满东方神韵的作品？

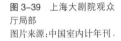

图 3-39 上海大剧院观众厅局部
图片来源：中国室内计年刊.

例 28　上海大剧院（图 3-39）

设计人：建筑设计：Jean-Marie Charpentier（法国夏氏建筑事务所）

室内设计：Sturios Architecture，
　　　　　　Team 7 Internationl.Inc.（美国）

施工图深化：大堂和休息厅：（深圳洪涛）宋冬、童小明，主剧场观众厅等：加拿大 SIW 装饰工程公司

建成时间：1998 年

建筑面积：62803m²

大剧院设有大、中、小三个剧场和两个排练厅，其中大剧场设 2000 个座席。大剧场的主舞台不仅可以升降，还可以倾斜 10 度，在大剧场观众厅上部四周墙壁中以及包厢后面都装有大型的用于调节混响时间的吸声帷幕（升降式或平开式），它们可以根据剧院上演的不同剧种拉开或闭合，通过调节反射声的多少来改

变混响时间。大剧院还配备了一个气垫式音乐反射罩，当进行交响乐演出时，需要增加反射声，提高混响时间，这时就可以通过气垫将音乐罩安放在舞台后面，成为台口侧墙及顶棚向内的延伸部分，将音乐更多地反射到观众席。还采取了其他一些措施保证观众厅的声学质量：双层增强纤维石膏板技术制作的弧形顶棚以及挑台下的弧形顶和锯齿形侧墙面可以有效增强声反射和扩散；全台阶高起坡的观众席避免了对声波的掠射吸声；而空调的送风口则设在每个座椅下，与座椅的圆柱形支撑体合为一体，这种方式大大降低了厅堂的本底噪声，在后来建成的东方艺术中心、国家大剧院中也采用了此种方式。在设计中，还事先利用计算机模拟技术进行视线分析和声场模拟，有效避免了因为观众厅体形设计的失误而可能造成的视线遮挡或声学缺陷。

大堂进深尽管只有 15m，但由于沿人民广场一侧的全为钢索式玻璃幕墙，使得大堂的视野十分宽阔，而暴露的楼梯则增加了大堂空间的层次感和趣味性。主剧场入口选用了丁绍光先生所作壁画"艺术女神"，加上地面的犹如钢琴琴键的拼花和顶部犹如行云流水一般的水晶挂灯，令人未入剧场就能感受到强烈的艺术氛围。

例 29　上海浦东国际机场航站楼（一期，图 3-40、图 3-41）

总设计：保罗·安德鲁
合作设计：上海现代建筑装饰环境设计研究院（室内）
建成时间：1999 年
建筑面积：约 280000m²

浦东国际机场航站楼（一期）的建设完全展现了现代高技术的艺术魅力。

 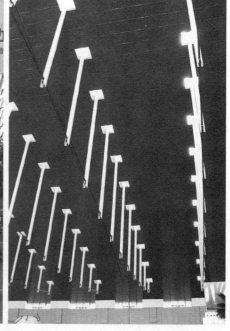

图 3-40　浦东机场标识导向系统（左）
图 3-41　浦东机场预应力张弦梁屋架（右）

如果说 1990 年亚运会场馆的建设使得网架技术成了国内解决大跨度结构的常规办法，那么，浦东国际机场航站楼则向国人表现了以斜柱支承的预应力张弦梁结构体系（在国内为首次采用）在大跨度屋盖上的技术优势，总覆盖面积（包括挑沿）约 16 万 m^2，最大的办票大厅投影跨度近 83m。令人印象最为深刻的是其湛蓝色的室内吊顶和宛若星辰的光孔，从 1.2m × 1.2m 的光孔中伸出的是如光束般笔直的白色屋架腹杆，腹杆下端嵌有一个高强穿心钢球，依靠该球扣紧下弦钢索。办票大厅采用了大型国际机场较为通用的岛式值机柜台，柜口数量达 204 个。天蓝色的标识导向系统不仅十分醒目，也和湛蓝色的金属吊顶相协调。不过，在无阳光时，湛蓝色的基调略显阴沉，在二期建设中选用了一种木本色的金属吊顶材料。

除了上述三个项目外，上海证券交易所（1997 年建成）、上海城市规划展示馆（1999 年建成）也是这一时期较为瞩目的项目。这些项目不仅为 20 世纪中国室内设计行业的发展奏响了最为华美的乐章，更为新世纪室内设计行业的跨越式发展奠定了一个更高的起点。如果说前十来年的发展过程中，传统与现代是国内室内设计行业中一直无法摆脱的命题，那么，在这些项目建成后，让更多的人认识到了当代建筑思潮中现代主义不断向前发展的趋势不是传统或者文脉所能改变的，搁置争议，轻装上阵，坚持开放，利用科技才能使得 21 世纪的中国朝着成为世界室内设计市场最为充满激情和活力的地域的方向发展。

第4章 新世纪的中国室内设计

（20 世纪末至今）

虽然还不能讲世界上最好的室内设计已经出现在中国，但我们完全可以赞同或是认可这样一个现象：在迈入 21 世纪后，从一个更高的起点开始，中国内地已经成为当今世界上最新室内设计的展示场所，也已经成为当今世界上一流室内设计师竞相表演的舞台。随着经济实力的持续稳定增长，新世纪的中国室内设计，也成了自改革开放以来成绩最为显著，焦点话题最为丰富的一个时期。由于许多事件就发生在不远的过去或者正在发生中，要从历史的高度深刻地分析或客观地评价这些事件对于当代中国室内设计行业的影响是不太现实的，但是，这并不影响我们来如实地记录下这些令人激动或者感慨的事件和项目，并且谈论一些作为当事者之一的观点。

4.1 加入 WTO

2001 年 12 月 11 日，在经过了漫长而艰苦的谈判后，中国终于加入了世界贸易组织（WTO），标志中国主动参与到了经济全球化的大家庭中。按照 WTO 的规则，一是要求国内有关规定必须是公开而容易了解的，二是要求所有市场都是对成员开放的，但是，国际建筑市场的持续低迷和国内建筑市场的蓬勃发展态势决定了在加入 WTO 以后，特别是在度过 5 年的过渡期后，我国的设计行业将面临全面的竞争。在还不能完全判断形势的基础上，从管理部门到业务部门都或多或少存在自我保护的心态，希望能够在更大限度上缓冲竞争的压力。

2002 年下半年由原建设部和外经贸部接连出台外商投资建筑业、设计、规划企业管理规定（俗称 113、114 和 116 号令），按照中国目前实行的企业资质管理办法对外企在国内开展业务提出具体要求。2002 年 9 月 9 日原建设部第 63 次常务会议和 2002 年 9 月 17 日对外贸易经济合作部第 10 次部长办公会议审议通过《外商投资建筑工程设计企业管理规定》，2002 年 12 月 1 日起施行，要求在中国从事设计业务必须取得工程设计资质，外国服务提供者一定要是国外注册人员[①]，而且规定："成立独资设计企业，取得中国注册资格的外

---

① 第十三条：外商投资建设工程设计企业的外方投资者及外国服务提供者应当是在其本国从事建设工程设计的企业或者注册建筑师、注册工程师。

国服务提供者人数不少于资质分级标准中规定总人数的 1/4，而且外国服务提供者在中国每年的居住时间不能少于半年。"这些规定有"开放为名，限制为实"之嫌，因为当时外国人还无法取得中国注册资格。外企进入中国市场的优势是资金、技术和经验，在人力成本上只有当地化才能有利可图，因此对外方人员的数量、本地居住等要求，是难以做到的。2004 年 5 月原建设部出台的《关于外国企业在中华人民共和国境内从事建设工程设计活动的管理暂行规定》(78 号文）中对政策作了小幅调整，提出只要选择一家够资质的中国企业合作就可以从事工程设计。

此后，到 2006 年 10 月，原建设部和商务部再一次对外资企业的商业存在出台文件《外商投资建设工程设计企业管理规定实施细则（征求意见稿）》，并于"入世"五年期结束的当天 12 月 11 日开始执行。文件规定可以聘用中国注册人员来达到取得资质所要求的人数，对境外人员在内地的居住时间亦没有要求。至此，外资企业取得资质与中国企业一样毫无悬念。

竞争并不可怕，建筑业本身就是一个充分开放和竞争的行业。作为建筑服务业中的一个分支，在"入世"前后的一段时间，各种声音都在提醒大家"狼来了"，其实当时中国已有 120 多家中外合作、合营建筑设计事务所，世界排名前 200 名的工程公司和设计咨询公司有 140 多家在中国设立了办事机构。[1] 但是，对于 WTO，似乎业内人士只看到了眼前"狼来了"所带来的忧患和竞争，而没有放眼世界去争取更广阔的市场。应该认识到：即使没有 WTO，中国也必然会卷入全球化的浪潮中，更何况 WTO 是对所有成员国都开放的市场。国内的市场尽管十分庞大，但在经历了几十年的高速发展后，必然会经历适当的调整或反复。我们完全可以利用现在自身发展中积累的经验和技术，选择适当的地点和时机走出国门，开拓更广阔的市场，甚至可以进一步带动国内已经十分健全的装饰材料加工以及家具生产企业的外向型发展。正如马国磬院士所云："在国际竞争的大舞台上，我们已经取得了入场券和参赛的资格，但在激烈的角逐中要想取得好成绩……还必须依靠中国建筑师自身的努力，其他任何人都无法取代。"[2]同时，对于设计师工作的范畴，也完全可以根据 WTO 的规定，从单一的设计创作延伸到技术咨询、前期项目策划和后期项目管理的全过程服务中，通过增加服务的内容来拓宽市场，如利用国际咨询工程师联合会编制的菲迪克（FIDIC）条款中的《生产设备和设计施工工程合同条件》、《设计采购施工（EPC）交钥匙工程合同条件》等约定模式，以总承包的方式进行国际市场的开拓。

4.2 （北京）人民大会堂厅室设计

人民大会堂各厅堂的设计是中国当代室内设计史中极其重要和特殊的部

---

① 加入 WTO 在即中国私人建筑设计市场 2001 年大放开 . 投资导报 .2000-12-27.
② 马国磬 . 中国现代建筑文化是中国建筑师的责任 . 建筑学报 .2002，1.

分，从 1959 年建成至今，在 80 年代全面装修、翻新过一次，自 1995 年新建澳门厅后，各省、市、自治区的厅堂基本又都装修、翻新了一遍。这些厅堂在建成之初的装饰是较为朴素的，澳门厅和香港厅装修标准的提高是有特殊的政治和历史背景的，但是在新一轮厅堂翻新过程中，各厅堂的装修标准不仅都向这两个厅看齐，而且均有不同程度的提高。个中原因主要在于各地方政府不仅把人民大会堂地方厅堂的装饰作为反映各地方文化历史特点的重要载体，更当作了体现地方实力的窗口，即使不宜出类拔萃，也不能寒酸落伍。既然已经有了横向参照的高标准，下意识的攀比心理必然存在。

单从技术上分析，造价的高昂主要是大量使用了进口高档石材以及为改善灯光照明效果而普遍采用豪华灯饰所致。米黄类石材，尤其是莎安娜米黄大理石成为许多厅堂墙面装饰的首选用材。有了装饰标准上的高要求，自然在材料的标准上也是高要求的，无色差、无瑕疵、纹理统一的用材要求使得多数石材的出材率不足 50%，有的甚至只有 20%，加上往往还要进行石材的雕刻镂花等深加工，价格自然不菲。在这一阶段早期的作品中，许多都采用了水晶豪华灯饰，但是由于存在维护、自重以及安全（水晶挂件有掉落的可能）的问题，后期有些作品也采用了亚克力等轻质替代材料制作的灯具。

根据原建筑平面的基础条件分析，人民大会堂各厅堂大致可分为五类：第一类如澳门厅、香港厅以及常委会议厅等，大都是利用原有建筑设计中的辅助

图 4-1 陕西厅（上左）
图片来源：北京市建筑装饰设计工程公司网站
图 4-2 山东厅（上右）
图片来源：山东黄金集团网站
图 4-3 山西厅（下左）
图片来源：2001 年中国室内设计大奖赛优秀作品集．
图 4-4 台湾厅（下右）

图 4-5　重庆厅议政厅
图片来源：中国当代室内艺术 3.

图 4-6　湖南厅

图 4-7　北京厅

图 4-8　甘肃厅
图片来源：中国当代室内艺术 3.

图 4-9　江苏厅
图片来源：www.23id.com

图 4-10　上海厅

空间，或改造，或新建，因地制宜，形式各异；第二类如福建厅、台湾厅、河南厅等，平面宽大方正，并有辅助接待或休息空间；第三类如广东厅、陕西厅、湖南厅等，室内的两排立柱是室内设计中需要重点考虑的问题；第四类如江西厅、浙江厅、黑龙江厅等，平面狭长，不太利于室内家具的合理摆放；第五类

本页图
图 4-11　辽宁厅（上左）
图 4-12　广东厅（上右）
图 4-13　吉林厅（中左）
图片来源：北京清尚建筑装饰工程有限公司网站
图 4-14　湖北厅（中右）
图片来源：深圳室内设计网
图 4-15　黑龙江厅（下左）
图 4-16　人民大会堂小礼堂（下右）
图片来源：王炜钰选集．

下页图
图 4-17　人民大会堂河北厅主会议厅（上左）
图片来源：王炜钰选集．
图 4-18　青海厅（上右）
图片来源：北京清尚建筑装饰工程有限公司网站
图 4-19　人民大会堂安徽厅（中左）
图片来源：中国室内设计年刊．
图 4-20　江西厅（中右）
图 4-21　人民大会堂 118 厅（下左）
图片来源：China-Designer.com
图 4-22　人民大会堂小礼堂前厅（下右）
图片来源：王炜钰选集．

图 4-23 北京人民大会堂福建厅（上左）
图片来源：图片由赖聚奎提供.
图 4-24 国宴厅（上右）
图 4-25 人民大会堂香港厅主会议厅（下左）
图片来源：王炜钰选集.
图 4-26 澳门厅（下右）
图片来源：王炜钰选集.

如甘肃厅、宁夏厅等，面积不大，但小而精的设计风格也很有特色。赖聚奎、王炜钰和马怡西等人多次参与了其中部分厅室的设计。以下四个厅室的文字介绍摘录自《王炜钰选集》，其他厅室详见表 4-4。

例 30 澳门厅（图 4-26）

总建筑面积 1352m²，分一、二期，分别为 500m² 的会议大厅、852m² 的四季厅。设计采用澳门的地方风格，以现代构成因素营造明快、绚丽、端庄、典雅而又具有现代气息的空间环境。会议厅重点部位的装饰选用了在光、色、形、质几方面都具有强烈对比的材料，并从环境、造型比例、尺度上达到均衡，取得和谐的色调衬托、材料纹理搭配、软硬材质的效果。四季厅中设计了中国传统样式的半壁亭和方亭，使其与空间轴线、对景取得良好的视觉效果，增加了澳门厅总体的空间层次。1995 年 2 月建成。

例 31　香港厅（图 4-25）

总建筑面积为 1728m²，设计采用现代化的新材料、新技术、新工艺，反映了香港科技先进、经济繁荣和中西方文化兼容并蓄的特点。引入弧墙和拱券，运用照明光晕和侧面受光，取得形、光、色、影的丰富变化。在大空间中的大尺度构件创造恢弘的气势，精雕细琢的细部设计给人亲切感。主会议厅采用民族传统纹样和西方古典建筑艺术相结合的手法，三个用汉白玉雕琢而成的壁龛采用西方古典雕刻纹饰，顶棚中央沥粉贴金的彩绘是牡丹花和如意草，运用了淡雅含蓄、古色古香的中国敦煌壁画色彩。多功能厅用简单的造型、光、色、质的对比，表现材料的质感，洋溢着独特的艺术韵味，并使整个大厅有大尺度的雄伟效果。于 1997 年 2 月建成。

图 4-27　人大常委会会议厅
图片来源：王炜钰选集.

例 32　常委会议厅（图 4-27）

总建筑面积为 1420m²，以建筑设计的语汇、技术、手法重新塑造空间是设计的主题，根据使用功能与技术的需要，平面采用扇形布局，既有利于烘托会场气氛，又能保证左右两侧的座位具有良好的视线。设计中采用了立体构成的手法，运用光进行空间的组合，与造型巧妙结合，圆弧形吸声板从中心顺应地面坡起而斜倾，向两侧放射布置。流畅的弧线为中心对称布局，起到了凝聚的向心作用，大大改善了因长宽比例失调而导致的不适感。1999 年建成。

例 33　小礼堂（图 4-16、图 4-22）

总建筑面积为 2460m²，设计中选用了新材料、新工艺，较好地解决了功能要求。侧墙上连续的半圆灯龛的形式获得了古典建筑的比例、韵律与神态，使平面两度空间的装饰显示了立体的造型感。通过现代建筑的装饰手法，或用有形的"体"、"面"，或用无形的"光"、"幻"，交替组合，综合运用，体现了古典建筑的神韵和现代手法的结合。小礼堂门厅的设计是一个亮点：两个入口轴线是错位的，内部座位升起的需要使地面标高抬起 1.35m，形成一个宽大的台阶，在厅内即形成几个门口，大小不一、高低不同。石雕独柱与台阶尽端的石雕灯球、小礼堂的主入口大门、通长的大台阶等几部分组合成空间的立体构成，不论尺度、造型，从视觉上都形成了小厅的主题，形成主次分明、宾主有序的布局。2000 年改建。

4.3 商业空间设计在社会消费结构转型下的变化

随着时代的发展和社会分工的进一步细化，商业空间的室内设计越来越体现出规模化、复合化、专业化和小型化等不同趋向，不仅极大地丰富了人民的生活，也满足了消费者多样化的需要。这里所说的商业空间，不仅有从传统商场演化而来的购物中心、超市、便利店和各类专业卖场（如家电卖场、装饰市场和各种批发市场），也包括各种专卖店、连锁店等小型商业空间，还包括各种餐饮、酒吧、茶馆、娱乐、洗浴、美容、美发等单一功能的商业化空间。

4.3.1 连锁经营领域的逐步开放和经营体系的趋同性

1995 年 6 月发布的《外商投资产业指导目录》把商业零售列入"限制外商投资产业目录"，允许有限度地吸收外商投资。商业零售的开放领域由服装类产品扩展至百货产品，由厂商向流通领域延伸扩展至外商可以合资、合作开办大型百货商店，但食品及连锁经营仍未对外开放。同年 10 月，国务院批准在北京或上海试办两家中外合资连锁商业企业，各项政策除比照中外合作商业零售企业外，还规定必须由中方控股 51% 以上，经营年限不超过 30 年。这表明我国零售企业对外开放由零售环节延伸至批发环节，由百货品经营扩展至包括生鲜食品在内的日常生活所用一切必需品。连锁店阶段由此展开。

回顾我国流通领域利用外资的经历，大致可以分为五个阶段：第一个阶段，从 1992 年 7 月至 1995 年，我国开始进行零售业对外开放试点，这一阶段我国大型商业零售企业售卖方式的变革过程已经在上一章中进行了回顾和论述；第二个阶段，从 1995 年至 1999 年，以家乐福等为代表的连锁经营模式大规模进入我国，同时"无序开放"成为一个大特点；第三个阶段，从 1999 年至 2001 年我国加入 WTO，进一步开放了我国的流通业；第四个阶段，从加入 WTO 到 2004 年 12 月的三年保护期；第五个阶段，自 2004 年底起的后 WTO 时代。

1999 年 6 月 25 日，经国务院批准，原国家经贸委、原外经贸部发布了《外商投资商业试点办法》，允许直辖市、省会城市、自治区首府、计划单列市及经济特区试办 1~2 家中外合资、合作商业企业，经济中心城市、商贸中心城市可增设 1~2 家。同时，经营类型由零售扩展到批发，允许在四个直辖市各试办一家经营批发业务的试点企业，其方式可采取与符合一定条件的零售企业兼营试点，由原来只许在北京、上海各开两家合资、合作连锁试点企业，扩大到在上述经济和商贸中心城市有计划、有控制地开办合营的连锁商业企业，但只允许直营连锁，暂不允许自由连锁、特许连锁等连锁形式。2002 年国务院办公厅转发国务院体改办、原国家经贸委《关于促进连锁经营发展的若干意见》，更为推动连锁经营向多领域和深层次发展创造了良好的外部环境。

截至 2001 年底，经国家正式批准的外商投资零售商业项目有 49 家，大都以日常消费品的大众化消费为主导模式，即英文中的 Supermarket，其中，家乐福（法）当时在中国开设了 27 家店，沃尔玛（美）已开设了 19 家店，麦德龙（德）已开设了 15 家店，其他还有乐购（英）、欧尚（法）、百安居（英）、宜家家居（瑞典）、华润（港）、百佳（港）、易初莲花（中泰合资）等。由于存在严重的地方越权审批现象，各类外商投资商业企业大量涌入，影响了国内商业的正常发展秩序，如沃尔玛每开一家，就会对周边 5km 范围内的小型零售商店形成巨大的冲击。但中国本土超市并没有在激烈的竞争下消亡，反而越来越走向强大——好又多、世纪联华、华联等本土超市的网点几乎遍布各个城镇。城乡百姓则在零售商业的不断开放和竞争中越来越享受到便利和品质。

尽管中外连锁超市在市场的消费群体定位、选址、规模以及营销模式上各有千秋，但都实行自助服务和集中式一次付款，在场内商品的布置格局和组织流线上也是大同小异：中小型超市以销售副食品、日用品和生鲜食品为主，布局简单，往往为单层结构，出入口基本重叠，面积三五千平方米不等；营业面积超过 1 万 m² 的大型超市往往还包括家居用品、服装鞋帽、家用电器等商品，通过上下自动坡道联系各楼层，货架间的通道需考虑购物手推车或货物运送板车通行的宽度。大型超市的内部流线往往经过刻意的设计，引导顾客基本沿着单方向进出。顾客往往不得不先经过家居用品、服装鞋帽、家用电器等非日用商品区才能抵达日用品和食品销售区，这同样是以目的消费带动冲动消费的流线组织方式。由于商品的繁多和规模的庞大，有时需要辅助的标识导向系统进行提示。类似麦德龙、百安居等企业则采取仓储式的销售方式，由于成箱成打地销售，货物销售和存储合一，室内空间往往十分高大，室内通道更是要考虑叉车的操作尺度，但这类超市中，岛式展台也必不可少。

上述三个阶段，是我国商业流通领域发生巨变的重要时期，直到 2004 年 12 月 11 日开始，进入第五个阶段——迈入后 WTO 时代。2004 年 6 月 1 日起，由商务部颁发的《外商投资商业领域管理办法》生效，意味着 2004 年 12 月 11 日以后中国零售业将全面开放。这一办法使众多跨国零售企业在中国零售业巨大的机遇面前相继出台更为雄心勃勃的扩张战略。仅 2005 年 1 月至 9 月，商务部就批准新设 554 家外商投资商业企业，开设了 1130 个店铺，营业面积逾 330 万 m²。

4.3.2 大型购物中心的高度复合化和差异性

与此同时，一批复合度更高、面积更大或者更为专业的购物中心开始在一些中心城市出现，即所谓 Shoppingmall 的形式，如上海的港汇广场、正大广场（图 4-28），大连的和平广场，北京的金融街购物中心（图 4-29）等。一个真正意义上的 Shoppingmall 大体包括主力百货店、大型超市、专卖店、美食街、快餐店、高档餐厅、电影院、影视精品廊、滑冰场、茶馆、酒吧，甚至游泳馆或主题公

图 4-28　上海正大广场

图 4-29　京金融街购物中心

园，另外，必配有停车场等。一个 Shoppingmall 其实是一个小型社区，即使逛上一整天都逛不完，最适合消费者全家出动。多数 Shoppingmall 内部空间以一个或多个狭长的中庭组成一串多层相叠的内街景观，室内的流线和视野更为清晰明朗，如同加上了玻璃顶的商业步行街。内街式的中庭中往往有一系列的灯具、植物及桌椅等景观陈设，为顾客提供一些休憩场所。不同品牌的店铺也多以店中店的模式出现，店外的装饰风格在统一的格局下才能突出个性，店内的室内设计则与所经营品牌的营销理念密切关联，完全突出商品主题。这种模式，和 20 世纪 90 年代相比，店铺内部小空间的设计更为专业化和自由，比如橱窗、展台、色彩的设计，尤其是灯光照明设计，更有针对性，可以有效避免大空间下照明设计的盲目性。店铺的季节性装修更新也更为便利。不过，尽管此类购物中心在局部布局上仍旧有以往以目的消费带动冲动消费的经营理念的痕迹，但在追求品牌认知度以及消费个性化和时尚的新世纪，更重视目的性消费的购物环境的亲和力和归属感，因此，一批以明确的市场定位为导向的高档购物中心陆续出现，如上海的梅陇镇伊势丹、恒隆广场、美美百货、连卡佛等。这些购物中心以品牌分类代替商品分类，越低层的店铺，品牌的知名度越大。即使一些老式的百货商业中心（Department store）也不断地进行内部改造，发掘底层商铺的商业价值。同时，这些购物中心针对市场中男女消费不同的特点，在布局设计时往往更注重体现消费的性别差异，女性消费的主导性地位也得到普遍的认同。

4.3.3 单一功能商业空间的专业化、个性化和平民化

大型购物中心和超市尽管商品琳琅满目，也具备极高的业态包容度和功能复合性，但大型的商业机构毕竟受到市场饱和度的制约，同时，市场的差异性需求同样可以使一大批小型或单一的商业业态找到各自生存发展的充分的空间。这些商业或单一功能的专业市场，或者是沿商业街区展开的各色店铺，走的是专门化路子，有别于大型购物中心和超市的多元集中模式。室内空间的设计往往更加彰显个性、突出效果、吸引眼球，甚至是过度和夸张的个性化。同时，市场的不确定性也使此类商业化空间的设计充分体现出现代消费社会易变的特点，消费环境下的激烈竞争，使得这些商业空间的室内设计体现出极强专业化和个性化。

各类专业市场建立的初衷，都是为了满足个体工商户经营的需要。随着个体工商户实力的做大做强，露天市场的摆摊吆喝已经无法满足各地商户的经营要求。经营业态也从多元走向专业分化，所谓"物以类聚，人以群分"，群聚效应是市场竞争环境下的多赢。以单一产品为主导，同时连接上下游辅助产品的各类专业市场如雨后春笋般遍布各个城市，尤以浙江为甚：义乌小商品城、永康五金城、柯桥轻纺城举世闻名。几乎任何一种商品都能在国内找到对应的专业市场。这些市场多以店中店模式分割空间出租或出售，产品销售以批发为主、零售为辅，因此，单间商铺设计十分注重商品的展示性，有时还需兼顾一

图 4-30　美克·美家（天津店）入口
图片来源：ID+C.2004, 5：31.

定的洽谈空间，基本不必考虑仓储功能（仓库往往位于市郊）；公共空间的设计往往十分注意畅通性和集散效应，并体现明显的行业特征，如电子市场的高科技、面料市场的轻柔、儿童用品市场的活泼、古玩市场的传统、服装市场的艳丽等，其中以装饰材料市场和家具市场的设计最为讲究，往往成为各种装饰风格的总汇，如杭州的新时代装饰材料市场、美克·美家家具（图4-30）等。

位于城市商业街区的各色店铺则一直处于"你方唱罢我登场"的不断循环中。超常规的更迭变化，使得这些商业空间的设计已经成为新时期室内设计中最活跃的分子。餐厅、酒吧、茶馆、网吧等单一功能的商业化空间是人的社会化属性的反映。从技术上讲，每个人都可以在家上网、喝酒、品茶，为什么要聚集到专门的场所？就是因为人有相互交流的需求，人是个体活动和群体活动的混合体。这些单一功能和性质的空间，尽管可以集合在一幢建筑，甚至一套住宅内解决，但是无法解决人们对群体活动的情感需求，这些单一功能商业空间的分化和独立是建筑功能的社会分化，它们能够独立运行，并能满足某一单一功能的社会化使用要求。就像是相对独立的建筑元件或者某种建筑器官，它们与建筑的原形态关系不大，只是占有了局部的建筑空间，它们可以随时更新、变换并不会对建筑的原形态产生质的影响，但它们却为建筑带来了活力和生机，使建筑在某些局部能与时代同步。所谓"船小好掉头"正是如此。这些小型商业空间往往具备一定尺度范围内的消费人群半径，因此，比起各种大型商业机构，往往更容易形成邻里交往的空间载体。在高度现代化的环境中，这样的场所，也许就是培育和谐社会关系的基石。

从风格、流派上去分析这些商业空间的设计特点或学术意义，可能还需要更为细致的调查和研究，在本书其他章节的论述中也从其他角度谈及了一些类似商业空间的设计特色。总体而言，这些商业空间的设计一定与社会消费时尚或者习惯的更迭有着密切的关联，在风格上又直接受到投资业主审美价值观的影响，点菜式的设计流派取向是对室内设计师专业能力和心理承受力的挑战。也许这就是室内设计与建筑设计之间最大的不同。在已经高度开放的消费化环境中，明式家具、字画陈设与西洋雕塑、拱券线脚就像不同的人选择不同的服饰一样，只存在审美趣味与个性化表现的差异，没必要上升到中西文化对立的高度。桑拿或 SPA 本来就是舶来品，弄个把浴女雕塑未必不妥，难道非得套用华清池杨贵妃的浴池形制才能体现中华文化的博大精深？把在北京"天地一家"食府中享受华贵中餐与在上海新天地"乐美颂"享受法国大餐上升到文化品位的差异性，从某种角度讲，有炫耀文化、自命清高之嫌。中西方各种装饰语言外部形式上的差异性都是为室内空间主导对象服务的，它们与主导对象统一也好、对比也好，自有大把理论可以论证。当人们对项目室内设计的关注度大大超越其主导产品时，当食客们不再是为菜肴的丰富鲜美而慷慨解囊时，也许就要认真反思个中缘由了。就如同对于电影视觉冲击的关注超越了电影故事本身，对于法式牛排红酒来历的关注超越了味觉的体验。北京"天地一家"食府、茉莉餐厅，上海人间餐饮系列之"莺七"、"穹六"主题餐厅以及名噪一时的菲利浦·斯塔克（Philippe Starck）设计的"俏江南"北京兰会所等项目中所传递的，已经不是燕鲍翅或满汉全席的奢华，而是以场所的奢华"为追求新锐的成功人士打造一种有'文化身份'归属感的空间"。[①]

　　逐一对这些商业空间的典型案例进行详细的说明反而容易陷入故纸堆中，需要认识到风格、流派的形式化、表面化下适应市场快速消费的一面，着重研究新技术、新材料以及新习俗对于室内设计的影响。就以餐饮为例，当初卡拉OK风靡一时，音响设备的配置成为许多餐厅吸引顾客的手段，但当出现更专业的KTV场所时，卡拉OK显然成了餐饮业的鸡肋，但是近来出于延长营业时间、增加利润增长点的目的，一些高端的餐饮企业又重新发展了卡拉OK的收费服务。当社会的商务宴请活动频繁时，餐饮营业场所中包厢所占的面积就需较多，而随着近来家庭休闲性消费的增多，以散客为主的开放、半开放式的

图4-31 北京钱柜KTV前厅
图片来源：ID+C.2004，2.

时尚餐厅自然适应了此类消费随意、休闲以及就餐人数少但餐位周转要求高的特点。其他如点菜方式的差异（生猛海鲜的展示曾经是餐厅门厅或者点菜区的装饰重点），服务和就餐人员双通道模式，餐厅包间单独设置卫生间的取舍等，都曾经影响了这一时期餐饮空间的设计。

　　就娱乐业而言，在迈入新世纪后，则走向了平民化和暧昧化的两极。自2000年后，以"钱柜"为代表的量贩式KTV（图4-31）以及类似北京"芭娜娜"的迪厅出现在大江南北。两种新模式其实是对歌舞娱乐场所的专业分化，当然，改变更大的是所有人关于娱乐场所的暧昧观念，这些平民化的娱乐场所不再是"藏污纳垢"的代名词。老百姓终于有了全家老少都能去

① 崔笑声.消费文化时代的室内设计研究.93.

的娱乐地方了，不怕碰到什么不雅的场面了。"钱柜"里面绝对没有穿着暴露的女服务员，灯光明亮，还提供餐食。同时，先进的数字点歌系统的出现也使得量贩式 KTV 摆脱了传统卡拉 OK 对于 VCD、CD 以及手工书面点歌单的依赖。迪厅的出现，也代表了这种平民化的路线，只是它的消费人群更为年轻化。价格的低廉使迪厅成了年轻人追随时尚、发泄旺盛精力的主要场所，尽管放的音乐千篇一律，赶场子的人一晚上会重复听若干遍"YMCA"[1]。迪厅场地大都是租借电影院、体育场馆的大场地。粗犷的装饰风格中充满着 POP 的味道，舞台上是极具煽动力的 DJ 或领舞者。至于后来迪厅中出现的吸食毒品，与娱乐业走向平民化并无多少关联。作为原本平民化的电影院，也借助多厅电影和院线制发行模式重新恢复了人气，当然还有越来越高电影票价。为了聚集人气，互利互惠，这些电影院往往不是专门建造的，而是寻找与超市或大型商业中心毗邻的位置，有的直接成为这些商业机构的组成部分。看电影和拍电影一道从一种文化生活转变成了消费生活。多厅电影院的模式，由于单厅座席的减少，通过不同影厅错时轮放的方式极大地提高了座席的利用率，进而提高了电影的上座率。由于单厅面积大大降低，所以尽管这些院线都是由一般的商业建筑改建而成，但是通过合理的室内设计完全能够满足各种声、光设计的要求，并且在创作上表现出极大的自由度和娱乐性（图 4-32）。

另一方面，夜总会式 KTV 中营利性陪侍的问题则以更为暧昧化的方式影响着设计，演艺吧、聊天吧的出现是这些场所走向小型化的一类方式，吧台不再是提供饮料、酒精的操作界面，而是暧昧消费中的温柔陷阱（图 4-33）。风格也不再局限于西方古典折中式的符号，混搭或是纯中式元素也出现在某些大型夜总会中，如金碧辉煌夜总会（图 4-34）、苏州"苏荷天地"KTV、万紫千

图 4-32　杭州 UME 影城门厅及放映厅
图片来源：ID+C.2006，8.

----

[1] 当时最流行的一首迪斯科舞曲.

图 4-33 南京丁山香格里拉大酒店"海阔天空"夜总会演艺吧，吧台内侧席位为聊天女专座
图片来源：ID+C.2003，4.

图 4-34 上海金碧辉煌夜总会演艺吧一角
图片来源：ID+C.2003，3.

红俱乐部（图 4-35）等，更加表现出文化消费的娱乐化的一面，只是更为纸醉金迷罢了。

其他还有如桑拿洗浴场所也存在类似的专业性分化和平民化趋向，水疗、洗脚以及美容都以更加健康的面貌出现（图 4-36），一些大众化洗浴广场的出现，可以让全家老小真正享受到健身、洗浴、按摩钎脚到餐饮的全套服务，曾经受洗浴家庭化影响而退出市场的大众化洗浴行业在不长的十年中就实现了轮回。事物发展的两面性和螺旋规律似乎又得到了印证。

图 4-35　苏州万紫千红俱
乐部入口长廊（左）
图片来源：ID+C.2004，5.
图 4-36　哈尔滨光谱 SPA
美容美体中心的单间美容
室（右）
图片来源：ID+C.2005，3.

4.3.4　跨越地域差异的企业文化设计理念

　　跨地区的连锁经营体系的建立，不限于购物中心、超市。"酒香不怕巷子深"的时代实难再现，市场扩张的欲望和激烈的竞争环境使得几乎所有的商品销售（包括各种服务行业）不仅是可以，更是必须通过建立全区、全国甚至全球的销售网络来实现产品的推广和获取利益。各地专卖店、连锁店以及服务网点的设计如出一辙，从经营模式，到空间形态，再到楼层布局，都大同小异，县城和首都之间只有规模的差异。这种趋同性在有众多分支机构遍布全国甚至全球的大型企业的区域网点设计中，往往是加强识别性、提升企业知名度、拓展营销空间的有效手段，是广告设计、平面设计、产品设计等其他视觉艺术方法在室内设计领域的延伸和拓展，如各家商业银行、通信运营商、汽车经销商、家电大卖场、服饰专卖店以及 KFC（肯德基）、麦当劳等，也包括一些国际化的酒店管理公司所经营的高档连锁酒店。实际上，形成了一种有别于地域差异的以行业文化或企业品牌文化为设计理念的另一差异。

　　最熟悉的当属 KFC 了，从 1987 年 11 月 12 日肯德基在中国的第一家餐厅在北京前门繁华地带正式开业到现在，KFC 已经不仅仅是得到中国消费者普遍认可的洋快餐的代名词，更是以快速发展的连锁扩张形式抢占市场的成功范例——2007 年 11 月 08 日，随着 KFC 四川成都火车站餐厅的开业，肯德基在中国内地的开店数突破 2000 家，这是肯德基多年来领跑中国快餐市场的又一惊人里程碑！这还是没有算上同属于一个母公司（百胜集团）之下的必胜客比萨餐厅的数量。不管身处哪座城市，只要看到肯德基上校白胡子老头的红底白色形象，都可以获得一份标准化快餐。KFC 的成功，在于其不拘泥于外国品

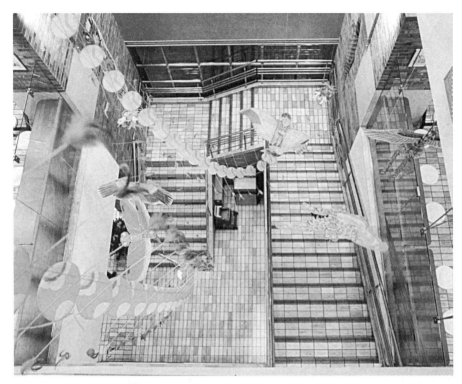

图 4-37 KFC 北京前门店内的风筝挂饰
图片来源：ID+C.2000，2：36.

牌的传统，而是坚持入乡随俗，立足产品的"本土化"，不仅不断推出了许多"本土化"新产品，如老北京鸡肉卷、油条、米粥等，也在设计标准化的同时，在室内装饰中融入了许多能够映衬当地生活特色的元素。比如 1999 年由登琨艳先生设计的北京前门旗舰店的改造中就出现了许多中西文化的融会点（图4-37），作者选用了与古老长城相近灰色青砖体块作为整体空间中最为抢眼的特色，并且在局部体现出古老四合院的味道，而在楼梯中空空间中悬挂的鲜艳龙凤图案的风筝，则体现出在天子脚下、皇城根旁小心谨慎的创作心态之下一丝放松的心境。

　　国内的各家商业银行在经历了 20 世纪 90 年代中期金融体制改革后的扩张狂潮后，又在中国加入 WTO 后面临外资银行大举抢滩下更为激烈的竞争局面。单靠网点的扩张并没有带来效益的提高，随着几大银行的股改和上市，通过拓展中间业务和为高端客户提供专门服务来求得经营结构多元化和效益的最大化成为多数股份制商业银行的普遍方式，为适应这种变化，各商业银行在全面导入 CIS[①]概念的基础上，对原先各自已有的 VI[②]系统的应用进一步规范化。同时，在除储蓄所以外的营业网点全面引入金融中介与理财中心的服务功能，通过银行的衍生产品共同提高高端客户和银行的收益。在这些区域，不仅需要提供一

---

① 英文 Corporate Identity System 的缩写，企业识别系统，是指将企业文化与经营理念统一设计，利用整体表达体系（尤其是视觉表达系统），传达给企业内部与公众，使其对企业产生一致的认同感，以形成良好的企业印象，最终促进企业产品和服务的销售。
② 英文 Visual Identity 的缩写，视觉识别。

图 4-38　单间理财室办公设施和装饰材料示意图
图片来源：中国工商银行贵宾理财中心内部分区及建设规范（内部资料）。

对一的服务（图 4-38），还需要为理财沙龙、理财讲座等各种新业务设计合适的场所、塑造恰当的氛围，不仅有茶水、书刊，还有影像、音乐。这种转变，尽管还保留着些许"向钱看"的势利成分，但是银行终于表现出了作为服务行业本应有的亲和力和人文关怀。

自 1998 年开始中国电信行业改革重组，中国邮政、中国电信和中国移动各自成为独立的公司，后又有中国联通、中国网通等相继成立，其中，以中国移动通信公司为代表的无线通信运营商的迅速崛起从一个侧面反映了信息化浪潮已经完全融入老百姓的日常生活中。中国移动的蓝色标识和中国联通的红色标识已经遍布城乡，其中在大、中城市的营业网点设计中，都力求表现出高科技的一面。

4.4　大学扩招和院校合并所引发的校园建设高潮

1999 年，国家决定大幅度扩大高等教育招生规模，相关数据显示[①]：2006 年，中国普通高校招生 540 万人，是 1998 年 108 万的 5 倍；高等学校在学人数 2500 万人，毛入学率为 22%。同时，从 2002 年至 2006 年，中国学校占地面积从 112 万亩增加到 212 万亩，教学用房从 1.2 亿 m^2 增加到 2.7 亿 m^2，不到十年，高等教育实现了从精英化向大众化的转变。高校扩招是我国社会发展的必然选择，是为社会"培养大批高素质劳动者和专业人才的有效途径，是迎接知识经济挑战的必由之路。"[②]但是，不可否认，高校扩招也有着缓解就业压力、拉动内需、促进国民经济持续增长的深层因素。

---

① "中国高等教育规模超俄罗斯印度美国 居世界第一"，中新网，http：//edu.chinanews.cn/edu/zcdt/news/2007/10-15/1048923.shtml

② 朱宇恒 . 我国高校校园规划的前期论证体系研究 .

招生数量的激增给学校原有教学和后勤资源带来空前的压力，宿舍楼、食堂、图书馆、实验楼、教学楼等处于极度紧张的状态，为解决这一难题，要么在原有校区内部挖潜，要么以土地置换的方式到城市的郊区规划出面积惊人的地盘建设大学城。由于高校外迁腾出黄金地段可作开发房地产之用，"大学城"的概念迅速赢得了当地政府的支持。经过这几年的建设，成果斐然，无论是新建的大学城还是原有校区内的新大楼，虽然赶不上星级宾馆，但都可以称得上豪华气派，其中当然不乏令人仰慕之作，近的有浙江大学紫金港校区、中国美术学院南山校区、象山校区，远的如上海大学、清华大学美术学院等。但是，规模的扩大并不代表水平的提高，"大学之大，不在于大楼，而在于大师"，而且在被严重压缩的建设周期内，又能产生出多少能经受历史检验的精品？大学校园的特殊学术氛围，本可以在许多教学用房的设计中进行实验性的探索，但是，除少数项目外（如清华大学节能楼、同济大学建筑与城规学院 C 楼），多数建筑单体尺度由于面积的扩大而变得难以驾驭，内部空间的处理也更多的是其他公共建筑的简单翻版，没有起到引领社会的作用。因此，即使逐一详述每座校园、每间教室或者实验室的特点，也不过是对校园外同类建筑的重复而已，对于学术研究并无多少贡献。对于某些在其他方面具有典型意义的单体设计，在本书的其他章节中从别的角度进行了论述。

不过，在这股校园建设的高潮中，学生宿舍楼设计的变化值得一书。老旧筒子楼式学生宿舍中七八人挤在四张上下铺的状态已经无法满足当代学生的使用要求，扩招其实为高校中学生宿舍的更新换代提供了一个机会。新建室内学生宿舍的配备非常现代化，不仅大都配置了集休息、学习和存物功能于一体的单人整体家具（图 4-39），洗手间、宽带、电话、电视等也一应俱全。单间住宿人数减少（本科生一般 4 人 / 间）和人均居住面积的增加带来的不仅是居住舒适度的提高，更易于在寝室内创造融洽的交往环境。新建学生宿舍大致有两种类型：一种是筒子楼式的升级版，仍旧为中央走廊板式结构，但每间寝室设置单独卫生间以及晾晒空间，有的还集中设置交流空间或学习室，如 2004 年建成的清华大学大石桥学生公寓；另一种是公寓型学生宿舍改进版（图 4-40），以往的公寓型学生宿舍只是单元住宅楼的简单翻版，存在诸多住宅设计的痕迹，新的公寓型宿舍以三五间标准四人寝室为一组，每组配置有多个洗浴、如厕位

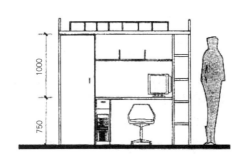

图 4-39 高校学生宿舍整体家具
图片来源：建筑学报.2006，10：70.

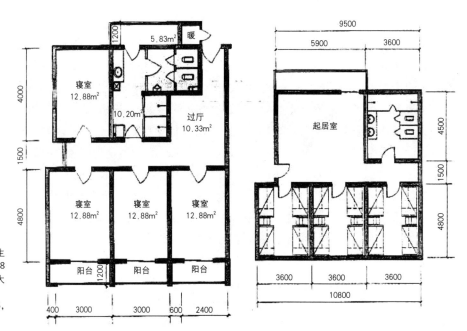

图 4-40　高校公寓式学生宿舍（左侧为南开大学 8 号楼，右侧为天津财经大学东区宿舍）

图片来源：建筑学报 .2006，10：71.

的公用盥洗间，并设置供起居、会客之用的公共活动空间，如南开大学西区 8 号楼。此种学生宿舍比较具有家庭的氛围，只是辅助面积偏大。

4.5　室内设计的地域性和多元化

　　全球化和信息化的浪潮并没有使统一的现代文明标准席卷地球的每个角落，信息的全球化让地域性的文化形态打开了交流的通衢，反因自身特色的鲜明而得以彰显。设计中对地域性因子的强调并不意味着对现代技术的抵触，这种地域性文化的崛起尽管因为现代文明的强势倾向而多少有些被动，但正是在现代技术的支撑下，地域性的异军突起才使得当代中国的室内设计显得更加异彩纷呈。因此，无论是现代化还是地域化，包容性是和谐共存的必然前提。同时，也应该清醒地看到，设计中的地域性不仅存在于祖国广漠的西北和神秘的西南，在已经相对发达的东部沿海地区，同样存在着对本土设计中地域性的不懈追求和探索。中原文化的博大精深和江南巷陌的诗情画意都是设计中地域性表现的丰富源泉。也许地域性不是当代中国室内设计行业飞速发展的发动机，但是，思想和实践中与地域性的每一次碰撞所产生的火花，都一定会照亮行业发展前进的道路。

4.5.1　西部璀璨文化魅力下的现代语境

　　如果不亲自到祖国的大西北领略它那耀眼的阳光和漫天的风沙，也许我的脑海中留存的只有古老的莫高窟、布达拉宫，或是寂寞的西夏王陵，还有那悠扬的马头琴声，当然，也不会忘了吐鲁番的葡萄、哈密的瓜！走入这片令人神往的土地，才能真正感受到如此多样化的璀璨文化的无穷魅力，同时也感慨全球化和信息化下对时空距离的强力压缩。不仅在陕、甘、宁、蒙等与中东部接壤省区的许多项目的建设水平与沿海地区的差距不大，在遥远的新疆、西藏等地，也完全可以实现与当代文明的全面衔接。这与国家在1999年底提出并实施的西部大开发的战略决策有着必然的关联，而人员和技术的更多交流也是边远地区室内设计融入现代化的重要前提，不仅有大量来自祖国各地的设计师参与其中，如1999年10月建成的西藏博物馆由中国建筑西南设计研究院的赵擎夏设计，2006年建成的拉萨火车站由中国建筑设计研究院的崔恺（建筑）、张晔（室内）设计，同年建成的雅鲁藏布大酒店由成都的刘山设计，也有生长于或者迁居本地的设计师的鼎力之作，如位于乌鲁木齐大巴扎一隅的库尔干维吾尔族餐厅是由维吾尔族设计师热合曼设计的，2005年获得中国室内设计大奖赛大奖的乌鲁木齐君邦天山大饭店则由本地设计师康拥军设计。当然，也离不开境外设计师的身影：新疆鸿福大酒店（图4-41）就是由参与过上海

图4-41 新疆鸿福大酒店餐厅一角

金茂大厦室内设计的黑兹设计的。这个过程，和80年代中国当代室内设计初期发展阶段十分相似，但是发展的起点更高一些。尽管也存在"拿来主义"式的模仿或复制，但不管是外来的还是本土的设计师，都比较注重不同地域、不同民族之间的文化差异性在室内设计中的表达，而对于深厚民族文化的尊重和汲取更是极大丰富了室内设计师的装饰语言。

例34 西藏博物馆

作为西藏拉萨新时期最重要的文化建筑之一，特殊的环境和地理区位决定了建筑外部形式上的地域性民族风格。但当你走入其中，又能充分体会到悠久的藏族文化在现代文明下的变革。室内空间没有了酥油灯、没有了"拉康"[①]，藏族建筑室内固有的昏暗神秘被开敞明快所取代，以满足一座现代化博物馆的使用要求。博物馆的各个展厅围绕着一个三层通高的中庭布置，中庭的栏板上雕刻着藏族传统图案；而在序厅（图4-42）的设计中，以一道镶嵌藏式铜饰件（类似铺首）的玻璃门作为主题的装饰，透明的质感似乎表达了设计者将古老而神秘的西藏文明展示在大众面前的强烈欲望，其周边的彩绘藻井、镏金花饰以及巨大的"雀替"，使人踏入馆内即感受到

---

① 指供奉佛像的殿堂。

图 4-42 西藏博物馆前厅

西藏文化传统的强烈暗示。

于 1993 年完成第一次扩建（建筑设计：徐行川），2004 年完成第二次再扩建的拉萨贡嘎机场，则更体现出不拘泥于地域文化的生搬硬套，充分保证现代交通建筑简洁流畅的整体风格，同时，也没有放弃在室内装饰细节中对于民族文化存在意义的强烈表达——艳丽的彩绘构件、浓郁的风情壁画以及柱腰柱脚蚀刻铜饰花纹（图 4-43）等。

例 35　新疆君邦天山大饭店

2004 年改建而成的新疆君邦天山大饭店不仅让这座几经沉浮的老酒店焕然一新，更让西部的室内设计行业沉寂多年之后又爆发出夺目的光芒。基于特殊的地域文化，该设计以丝绸之路为纽带，以泛阿拉伯的设计元素为主体，如电影布景一般将诸多西亚风格融汇其中，既有异域神秘浪漫的皇宫印象，也有阿里巴巴芝麻开门的神话记忆。尤其是在仅有 220m² 的中厅（图 4-44），多种泛阿拉伯设计元素的混合搭配尽管有泛滥之嫌，但浓郁的民族特色却让人过目难忘。

相比于汉族设计师对于形式和材料搭配的大胆突破，一些受过现代高等教育的少数民族设计师在对传统材料和形式的传承上更为驾轻就熟。由维吾尔族青年设计师热合曼设计的乌鲁木齐库尔干（维吾尔族）餐厅（图 4-45），设计中采用了许多南疆地区传统的材料和工艺，如南疆白杨木维吾尔族传统手工雕刻，经过手工打磨的南疆的烧火砖，顶棚的 SOCAIT 木材。[①] 由于大量采用手工制作，尽管面积只有 750m²（含 5 个包厢），但却历时约一年半才完工，据称整体造价超过了 3000 元 /m²。

———————————

① 一种南疆吊顶工艺：把不直的木头截断成 500~600m 长，再对半劈开，平铺于顶面。

图4-43 拉萨贡嘎机场(二期)柱子上的蚀刻(左)
图4-44 新疆君邦天山大饭店中厅(右)
图片来源:ID + C. 2005, 8.

例36 拉萨火车站

青藏铁路的建成通车是2006年中国最重要的事件之一,作为青藏铁路终点的拉萨火车站由以中国建筑设计研究院著名建筑师崔恺为主的设计团队设计,建筑面积23697m²,站房并没有采用流行的跨线布局的形式,而是根据车站规模和性质,理性地选择了线侧式布局的模式。利用青藏高原充足的日照条件,在屋面铺设了大量的太阳能集热板,以水为热媒解决室内地板辐射采暖之需。内墙面采用了与外墙肌理相似的竖向条纹毛面轻质板材,并间隔地装饰了一些西藏传统的符号(图4-46)。整个室内与室外一样,只有三种主要色彩:棕红、白和木本色,与传统的藏区建筑一致。从门廊到大厅,叠梁式的木构架(图4-47)既是一种平顶的装饰手段,也与藏式建筑的楼板、屋面的支撑体系一脉相承,不过,与1992年塞维利亚博览会日本馆木构架的相似性却令人在激动之余略感遗憾。但是,设计者以坦诚的语言表达了在现代信息化语境中设计手法间互为影响的现实,尤其是国际建筑大师的著名作品对于同时代其他设计师的影响力。

尽管一些十分有建成意义的设想没有实现,如"阿嘎土"[1]铺地工艺、室内垂挂灯柱的非均布照明方式以期形成与户外强烈日照条件的对比氛围等[2],但已不影响拉萨火车站成为一座如同从这片高原上生长出来的,属于这片土地的现代化的建筑。作为藏区传统建筑形式中没有的交通建筑类型,过于强调与地域的宗教和文化相适应,反而会造成概念上的混淆。现代文明导入到传统文

---

[1] 一种特殊的黏土混合木屑、小石子等材料,用酥油搅拌后人工夯筑而成。防水耐候,有一定弹性,但费工费时。

[2] 崔恺. 属于拉萨的火车站. 建筑学报.2006, 10.

图 4-45　乌鲁木齐库尔干
（维吾尔族）餐厅（左）
图 4-46　拉萨火车站候车
室墙面细部（中）
图 4-47　拉萨火车站中厅
（右）

明之中并非绝对意味着对地域传统的践踏或毁灭，地域场所感的确立也不宜以牺牲舒适或方便为代价，不同的文化认知同样都有对先进文明的渴求。两者间本就需要相互尊重，而不是简单地对立。

与上述具有浓郁民族特色的作品相映衬，由张锦秋设计的，以陕西博物馆、黄帝陵轩辕殿为代表的一批带有汉唐遗风的作品成了体现黄河文明悠久历史的现代宫殿。

例 37　陕西省图书馆、美术馆

建成时间：2001 年

建筑面积：图书馆：41250m²，设计藏书量 450 万册

　　　　　美术馆：10712m²

两馆位于西安南郊文化区，长安路和二环路交叉口的西北部，是陕西省文化、体育、科技中心建筑群体的重要组成部分。图书馆平面呈"工"字形，体量方正但错落有秩；而规模较小的美术馆由于采用了圆形的体量以及大片实体外墙，更显敦实厚重。同时，相似的拱窗以及色彩、质感相同的外墙材料使两座体量、个性相异的建筑在对比中成为一个有机的整体。

图书馆扇形入口大厅（图 4-48）为一较低矮的有采光玻璃顶的过渡空间，设计师似乎刻意在户外的入口广场和建筑的中心——中庭之间形成一个空间上的收缩和设计语言上的铺垫。灰色的整体基调越发突出了墙面的竹简装饰。以砂岩制成的竹简以一种工程化的手法给人以强烈的书卷气息。中厅是整个图书馆的交通枢纽和视觉中心（图 4-49）。设计师通过四周的回廊来分流和引导读者，使中厅成为一个借以反映建筑的地域和文化归属的精神场所，一个让人思考、品味的修行空间——两侧共六块治学名言，中间是表现九曲黄河的水景布置，大大的"几"字形河槽石刻在图书馆这个特定的场所内强烈表达了黄河文

图4-48 陕西图书馆的门厅（左）
图4-49 陕西图书馆的中厅（右）

明在中国的历史地位。馆内设有各类阅览座位2500个，信息点1280个。

美术馆的中心为一通高四层的圆形共享空间，一、二、三层围绕中央大厅的是半开敞式展廊，再外围为正式展厅。共享大厅的底层黄色砂石及连续拱券的形式，依稀表达出陕北地域建筑文化的某些特征。虽然美术馆的外围相对封闭，但几乎所有展厅均可以通过较为隐蔽的高侧窗和天窗解决环境照明问题。当然，陈列照明还是全部依赖人工光源。

除了上述几个项目外，张锦秋先生在同时期完成的西安国际会议中心（曲江宾馆）的设计，则在历史的厚重中多了一份轻松休闲的氛围。

4.5.2 灵秀时尚的诗意江南

"东南形胜，三吴都会，钱塘自古繁华。烟柳画桥，风帘翠幕，参差十万人家。云树绕堤沙。怒涛卷霜雪，天堑无涯。市列珠玑，户盈罗绮竞豪奢……"这篇广泛传诵的宋词《望海潮》中所描写的尽管是当时杭州的繁华景象，但用来比喻现在的苏浙两地的繁荣面貌，依然丝丝入扣。充满诗情画意的吴越山水，在长三角的经济腾飞中，再次孕育出一批散发着地域人文气息的灵秀而时尚的作品。尤其是在餐饮、茶馆及特色酒店的设计上，更体现出了整体化设计倾向。在这些环境中，我们体会的不再是士大夫归隐市隅的无奈，更多地是对地域传统的重构或拓展，比较强调对于传统思想的局部突破和对中式装饰语言的简约化表达和提炼。早在1998年集美组的林学明领衔设计的浙江世贸中心大饭店的设计中，就将这种江南的灵秀之气与室内的整体装饰风格紧密地结合了起来。1999年杭州设计师陈耀光设计的杭州城隍酒楼中，也将石井、中药柜、如意锁等反映市井民俗的器物作为装饰的元素在室内的各个角落进行了重组。之后以常州大酒店和绍兴饭店为代表，此类作品终于作为中国当代室内设计中比较能够反映本土设计师在地域化设计之路上不断努力的成果之一，而受到业内的广泛关注。

例 38　常州大酒店（图 4-50）

设计人：王琼

建成时间：2002 年

建筑面积：60000m^2；500 套客房

该酒店为一改造项目，设计中力求突出江南地域文化的特色，在提升酒店经营管理品位的同时，彰显酒店的文化内涵。平面布局沿用了古民居中"一落九进"的形制，并用屏风、幔帘等隔断形式使不同空间之间相互渗透，层层借景。设计中古典书画和丝网树影间的相得益彰更增添了一分水墨丹青的传统韵味。设计中还有两个主要的特点：一是通过色彩的对比应用突出室内浓重的基调，以达到彰显华贵气氛的作用，在黑白之间传达吴文化的韵味；二是应用了多种照明方式或灯具样式，不同的光源形式在或明或暗间表达出不同的室内氛围和环境个性，方式的多样性和数量的无限制甚至给人以表现过度之感，也许在适当的场所采取一些更为平淡的手法反而会留有些许国画中留白的想象，但这不会抹杀设计人在创作中追求地域传统、民族精髓和时代特色的努力。

例 39　绍兴饭店（图 4-51）

与常州大酒店类似，绍兴饭店也是一件局部改建的作品。设计者陈涛大胆地将原有建筑的楼板拆除，利用原有屋架的空间使得大堂高达 10m，在这 10m 高的空间中设计了多组高 3m 的仿制宫灯，不仅充实了空间，宫灯也与没法拆除的大梁一起烘托出了一种传统中国建筑宏伟的震撼力。大堂还利用原有建筑间的院落加上玻璃屋盖形成了有自然采光的大堂吧。

图 4-50　常州大酒店大堂（左）
图片来源：中国当代室内艺术．
图 4-51　绍兴饭店大堂（右）
图片来源：ID+C.2003，7.

例40 中国丝绸博物馆（图4-52）

作为一座主题性专业博物馆，始建于1992年，2003年由苏州金螳螂建筑装饰有限公司负责设计改造。改造的重点是大厅，圆形的大厅原本就有很强的中心感，设计者通过整合使得空间的序列感和对称性得以加强，更具有中国式空间的传统趣味。同时，围绕着丝绸产生的全过程做足文章：巨大的木方格本就是传统装饰语言的高度概括，在此又隐喻平纹丝织的经纬线；主题墙面为黄绿色桑叶图案的乱针绣，其前地台上则为一个巨大的装置——置于草堆中的蚕茧。同时，隐匿原来的采光顶棚屋架，通过减小采光顶的面积，并在中央悬挂三层生丝做的丝筒，使得经过漫反射投入大厅的自然光线更为柔和，符合该博物馆的特定环境氛围。设计者在设计中还兼顾了将大厅作为时装表演场地的功能需求，地台和背景墙均可移动。

也许是设计师们对20世纪90年代中期"欧陆风"下短暂失语后的集体回应，也许是大众口味的喜新厌旧，但相信更多的是出于对创造中国设计语境的不懈探求，浙江世贸中心、中国丝绸博物馆、常州大酒店、绍兴饭店等一批体现江南特色的现代室内设计项目的出现，不仅是集美组的林学明、金螳螂的王琼、中国美院的陈涛等设计师的个人代表作品，更标志着中国的设计师们开始走向成熟和独立。其他还有昆山宾馆、嘉兴大剧院、苏州"茗轩"茶坊、杭州玉麒麟酒店等，也都是这一语境下的成功案例。

苏州博物馆新馆（2006年10月建成开馆，建筑面积为19000m²，图4-53）的落成，更为这种地域化设计增添了一分国际化的色彩。相比香山饭店跨地域的设计语言，大师的收山之作最终回到了他的故乡，在拙政园以南，忠王府以

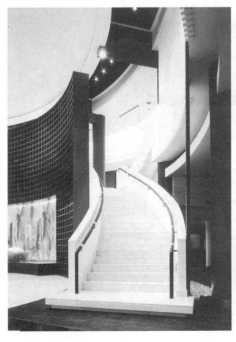 

图4-52 中国丝绸博物馆改造——大堂楼梯细部（左）
图片来源：中国当代室内艺术2.
图4-53 苏州博物馆新馆走廊（右）

西这一敏感但最能反映姑苏城环境的区域中，以一种吴侬软语的方式向世人展示出一幅淡雅清新的画卷。中国传统园林分散式的空间组织方法与博物馆的人流组织甚为吻合，同时又将"借景"、"步移景异"等古典造园手法巧妙地运用其中。新馆拥有大小展厅 32 个，充满古风雅韵的建筑外观并没有削弱设计者对现代技术的掌控，坡屋面采用了钢梁支撑防水铝板的结构体系，同时针对新馆藏品对光环境的低要求，较多地引用了自然采光，营造出了更具开放性的轻松氛围。

4.5.3　多元价值观下的个性创作

在信息化的时代，一元化的价值观已经被多元化所取代，不管是设计师还是业主，都可以跨越时间、空间、技术以及民族的界限，选择能够表达各自价值观的设计理念。这里没有流派的限定，也没有风格的束缚，只有自由的创作思想。

例 41　外研社（图 4-54）

研究北京外语教学与研究出版社（简称外研社）在近十年内新建和改建的三个项目，不仅可以比较全面地了解这三个项目跨越时间和空间的内在脉络联系，也可以了解到以中国建筑设计研究院总建筑师崔恺为首的设计团队默契的配合、务实的作风、建筑化的室内设计表达方式和对现代建筑语汇变革的尝试。在国内，类似这种由一家设计单位完成同一个业主三期不同的项目从建筑设计到室内设计的全过程的案例是比较少的。这也从一个侧面反映出是设计作品的优秀赢得了业主的信任，而信任是影响优秀设计作品的成败的极其重要的前提条件。

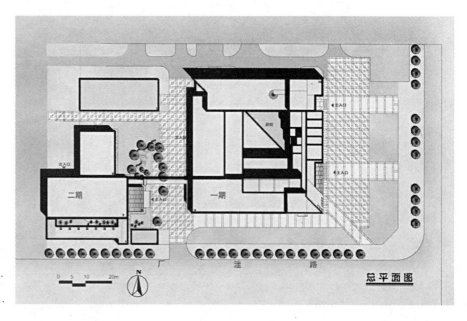

图 4-54　北京外研社一、二期工程总图
图片来源：图片由崔恺提供．

图 4-55　外研社办公楼中庭内景
图片来源：北京十大建筑设计.

　　如果说外研社（一期）的建筑设计以其醒目的陶红色外表给了所有人以强烈的视觉冲击，那么，在室内设计中不仅保留了这种冲击力，更通过中西传统建筑语汇并置的方式来表达了外研社是中外文化交流之桥梁的特定内涵。在室内中庭的立面设计中，可以同时出现西式的拱券和中式的花窗，西式的壁炉和中式的龙砚（图 4-55），不仅流露出了作者在创作上受到后现代主义思潮符号化创作的一定影响，也表达出了行为背后存在某种矛盾思想。设计师还接受业主的提议，在大厅墙面上用紫砂烧制成 30 种文字反复写下出版社的铭志："记载人类文明，沟通世界文化。"不过设计者也承认："在设计中对于某些文化意向的表达方式过于直白。"[①]但这也正是外研社（一期）之所以能够代表当时中国设计界对于文化主题意向在设计创作中的重要性的认识的原因所在。项目设计中所表达出的直观的矛盾性文化主题甚至成了许多观者对其欣赏的理由。

　　外研社（二期）印刷厂（图 4-56）改造于 2000 年，由于在北京大兴另建了一个印刷厂（外研社三期），业主要求外研社一期的设计者——崔恺先生（室内设计师：张晔）把旧的印刷厂改造成一个办公楼。设计中保留了一些不可以更改的东西——旧厂房的两种结构系统：砖混结构和框架结构重新组合，形成很有意思的一种衔接方式，并且把它暴露出来。设计中把框架部分的局部楼板打掉，形成一个三层高的中庭，这个中庭又成了进出电梯（原为货梯）的一个开放性空间。同时，又有意将砖混部分的外墙以同样的构架方式延伸到中庭的室内，墙面材料的选用上，大量地采用了与外研社一期工程相同的深红色陶土面砖，在一、二期之间用钢构廊桥连接，使得两座建筑物有机地联系在了一起，同时还巧妙地保留了场地间原有的几棵古松。

---

① 根据对崔恺的访谈录音记录。

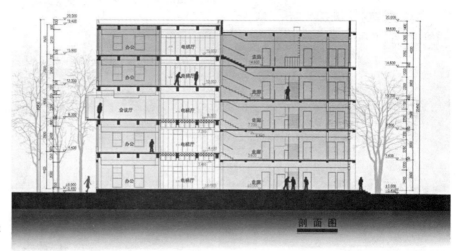

图 4-56　外研社二期改造
剖面
图片来源：图片由崔恺提供．

　　外研社三期（图 4-57）于 2004 年建成，是外研社建于北京大兴芦城工业区的一个全新的物流中心和国际会议中心。室内设计主要负责国际会议中心中的酒店、会议以及娱乐项目。该项目跨越了时间和空间上的距离，在材料和色彩上保持了与前两个项目的延续性，同时，有意识地将大体量的建筑切割成小体块，相互之间形成了一种"盒子"之间的穿插、对话甚或对立的戏剧化关系，但对于每一个"盒子"，它的表情是一致的，是表里如一的，室内设计和建筑设计之间并没有清晰的界限。也许两者的界限本来就是模糊和摇摆的，只是因为有些建筑师只掌握了由外到里的单向思维，缺少由内而外逆向过程的练习，才使得两者的界限过于明晰！

图 4-57　外研社大兴国际
会议中心接待大厅
图片来源：建筑师．2006．

这种模糊和摇摆比较容易出现在由建筑师一手主持的新建的项目中，比如也是在 2004 年建成的同济大学建筑与城市规划学院 C 楼（图 4-58）。该项目设计负责人为张斌，同济大学的左琰参与了室内设计工作。C 楼的室内空间以一部贯通上下（3~7 层）的直跑楼梯为轴线，通过每层的辅助廊桥将两侧的工作单元以及服务单元（卫生间、电梯等）有机地组合起来，不仅形成了建筑内部垂直交通和水平交通之间的非同位转换，巧妙而富有空间变化，也使上下贯通的狭长中厅因为具有了一种有别于水平轴线关系的秩序性而耐人寻味。室内设计中十分强调与建筑外表面材质的呼应，素混凝土和"U"形玻璃在室内外的不同部位多次重复出现，北立面的不锈钢外墙转入中庭成为其室内的一个界面。这种内外界限的模糊和摇摆也包括室内界面的向外延伸——入口大厅地面环氧树脂涂层一直延伸至室外与入口钢桥相接。只有在大厅中的大幅不锈钢网状垂幔有些许室内设计独立创作的痕迹，但其冰冷而严肃的表情所透露的与整个大楼所体现的工业化色彩是一致的，这又体现了"形式反映功能"观点的时代局限性。

图 4-58 同济大学建筑与城市规划学院 C 楼室内楼梯

例 42　上海金光外滩金融中心（威斯汀酒店，图 4-59、图 4-60）

设计人：美国约翰·波特曼设计事务所 + 上海市建筑设计研究院（建筑），
　　　　HBA 设计顾问公司（Hirsch Bedner Associates）（设计）

建成时间：2002 年

建筑面积：186858m²

2002 年落成的金光外滩金融中心由一座写字楼、一座公寓楼和拥有 303 套客房的威斯汀酒店三部分组成。其中高达四层的酒店大堂由著名的 HBA 设计顾问公司设计。极具视觉冲击力的曲线悬挑玻璃楼梯号称世界最大，由酒店大堂沿中庭伸至会务楼层，据称重量相当于 250 辆轿车，成了中庭的一大亮点。楼梯夹层玻璃踏板内设有光纤材料，在夜色中变幻出炫目的光彩，在波特曼所倡导的共享空间中又创造出一个富有动感和趣味的时尚元素。这也是迄今为止波特曼在上海，甚至是在中国最全面的一次对于"共享空间"的现实展示，只是把上下穿梭的电梯演变为了更具魅力的弧形玻璃天梯。巨大的采光顶棚下是参天的棕榈树和浮在一汪水面上的圆形大堂吧，所有围绕中庭的立柱柱帽上都设计了一个与建筑外观顶端一样的金属"皇冠"造型，而正对楼梯的巨大木

图4-59 威斯汀酒店大堂一角

图4-60 威斯汀酒店大堂玻璃楼梯

制装饰网格下的自助餐厅一时成了沪上精英的又一处时尚地标。酒店大床房的设计可满足城市商务客流的需求。所有的房间都基于套房的概念而建造，45%以上的单间面积为 42~52m²，套房的面积达到 106~157m²。

例 43 上海银河宾馆唐宫海鲜坊（图 4-61）

在这只有 1200m² 的餐饮空间内，张永和先生以"水"为设计的切入点，将水的曲线形态以及与水的形态有一定关联的材料运用在三个楼层的不同的空间中。以夹层在拉丝铝板上开槽形成的发光曲线来实现设计的理念；而屋顶平台上的九个玻璃盒子包间则采用了以钢筋和竹片编织而成的曲线状遮阳格栅。最具创造性的当属二层大厅起伏的吊顶曲线，曲线上下错位处使用透光膜形成发光的开口，而曲线吊顶上挂满了望砖，这些望砖是悬挂在曲线龙骨的钢筋网片上的，并呈错缝排列。"设计者截取了中国传统木结构建筑中'皮特征'最为强烈的瓦顶，经过自上而下到自下而上以及由梁上青瓦到梁下望砖的两次翻转创造了一层完全创新的'皮'……构成了一个中国'皮设计'的经典样本。"[1]这种构造方式，在童明设计的苏州苏泉苑（2007 年）、董豫赣设计的北京清水会馆中都有类似的尝试，不同的是，用的黏土砖。当这些原来用于墙体或者屋面的材料被不约而同地用来作为吊顶材料时，大大延展了这些古老材料的使用范畴，具有某种创新性。不过，不可忽视的是，其中都存在设计师将自己潜意识中的对于黏土烧结砖这种古老建筑材料的情感作为场所文化精神表达的重要源泉。

图 4-61 上海银河宾馆唐宫海鲜坊.
图片来源：室内设计师 .1：21.

---

① 姚栋 . 玩皮 . 室内设计师 .7：9.

当一种只需要考虑受压强度的承重材料不得不依靠外力的作用（金属丝或砂浆）来抵消地球的引力时，并不能代表技术上的进步，更何谈文化的更新？

不过，当建筑的围护体和分割体不再作为支撑体的一部分而可以独立存在时，建筑的内外表皮便成了设计畅想的殿堂。这种"表皮"化的设计倾向也蔓延到了各种设计内容中。杭州"浪漫一生"服饰专卖店（图 4-62）由日本设计师迫庆一郎设计，由外到内的网状体仿佛将整个空间都包裹了起来，网是由钢筋、高密度泡沫塑料、玻璃纤维和树脂构成的，设计师还将"网"转化到楼梯扶手、柜台、家具的各个部分的设计中，使得人和服饰都被笼罩在一片白网中。

当各种中西文化和艺术作品成为室内的"表皮"时，菲利浦·斯塔克设计的"俏江南"北京兰会所（图 4-63）给人们视觉的震撼远大于菜单上价格的震撼。这个面积 6000m^2、据称耗资 3 亿人民币的项目"包容了世界多个领域的风情，包容了多民族的文化，也包容着多门类的艺术和多个领域的设计"。[①] 从传统的鱼灯到各种廉价塑料制品组成的吊灯，从卢浮宫的油画到工农兵气宇轩昂的招贴，菲利浦·斯塔克让许多看似平常的物品被设计师点石成金，其高超的技巧和轻松的状态正如在那张漆黑的长桌上写下的文字——"智慧和幻想的结合产生艺术"，却让人沉思良久。正如苏丹在评论兰会所设计的文章中所语："菲利浦·斯塔克身上有着极为突出的反叛精神，他喜爱以超常规的方式来表现自己的观念，在各种门类的设计之间自由出入，将各种门类的资源进行混合，然后将类似化学反应般相互激发而产生的灵感进行应用、实验。"[②] 但是，当世人对于这种项目设计的关注已经远远超越项目主体功能（餐厅）的关注度时，就餐和观赏之间也就发生了角色转换，设计的目的就成了艺术畅想的展示。这一角色转换的问题在许多设计过程中都或多或少地存在，值得我们对设计的最终目的和存在基础进行适当的反思。

图 4-62　"浪 漫 一 生"杭州西湖店（左）
图 片 来 源：ID+C.2007, 11：107.
图 4-63　兰会所入口酒廊印度区（右）
图片来源：ID+C.2007, 3：66.

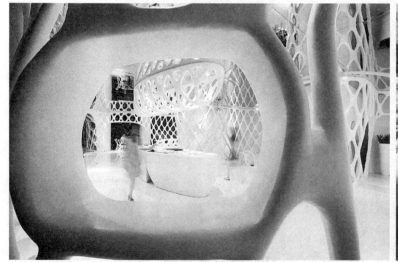

---

① 苏丹. 刺激升级——关于兰会所.ID+C.2007, 3：64.
② 苏丹. 刺激升级——关于兰会所.ID+C.2007, 3：67.

例 44　上海正大丽笙酒店（图 4-64）

　　这是一座融合了现代设计、商业艺术及中国风的创新概念艺术酒店，由澳大利亚 Hassell 建筑设计公司设计。酒店的入口大堂奠定了整个酒店的氛围，并以中国元素反映其文化底蕴。建筑的核心筒体由一个超大尺度的仿中式红色箱子来界定，而电梯厅则采用黑色中心轴来引领。大厅的吊挂组灯并不仅仅提供照明，也是一件实用艺术品，大堂中的看似随意摆放的座椅将客人与艺术拉近。全日开放式餐厅设置在一层的大堂后方，其中包含三个部分：大堂雅座酒吧、Infinity 咖啡厅及毗邻的 Porcini 意大利餐厅。虽然是三个相对独立的餐厅，但相互联系流通，建立起了一个无阻隔的环境。中餐雅致厅设置于三层，巨大的装饰灯随意悬挂于玻璃墙上，地面的彩色灯光与家具的夸张搭配极具戏剧化的效果。[1]

　　一些专业工作室或设计机构的自有办公场所，由于没有各种外部干涉因素，成了设计师充分发挥设计想象力、实现个人审美价值观表达的实验和实践场所，如"北京点石 98 设计公司"（图 4-65）、"杭州典尚设计"等。

图 4-64　上海正大丽笙酒店（左为采用玻璃分割的标准房卫生间，右为底层大堂）

---

① 根据《中国室内设计集成·酒店空间》相关内容介绍并修改。

图 4-65　北京点石设计办公室室内
图片来源：中国室内设计年刊 .3.

4.5.4　酒店设计的类型分化

从 90 年代后期开始，旅馆建筑逐渐表现出类型分化的倾向：商务酒店、度假酒店、经济型酒店等先后出现，甚至还出现了酒店式公寓、汽车旅馆以及各种文化主题酒店等形式。这种分化，既是行业竞争激烈、社会目标消费群体不断细分的必然结果，也是服务功能社会化的必然趋势，同时也与实施黄金周休假制度后我国的旅游消费结构进一步升级有着直接的关联，表 4-1 的数据记录了自 1999 年实行黄金周法定假日以来国内旅游接待人数的变化情况。如今每 4 个居民中，就有 1 个在黄金周期间出游。由于出游目的、时间长短、消费层次的差异性，对旅游宾馆的软、硬件也就有了更新、更高的要求。饭店的星级已经不能作为宾馆酒店建设成败的唯一标准了，饭店类型的分化是更为贴近市场的表现。商务酒店、度假酒店以及经济型酒店主要是以所接待的客人的不同而加以区分的，由于服务对象的差异性，对于酒店服务内容的设置也就存在明显的差异，进而影响酒店的室内设计。从酒店管理公司的角度考虑，酒店不仅是件艺术品，更是一件生产工具，此点值得所有设计师反思。建筑设计和室内设计的专业性、艺术性都要与酒店本身功能的生产性和经济效益密切结合起来。

商务酒店一般位于主要商业中心，为满足商务旅行者的需求而存在，除提供一般酒店的服务以外，还提供全面、方便和先进的办公条件，不仅要有先进的会议设施，客房里的设施设备也要便于办公，如打印机、网络接口等。受用地条件限制，建筑的空间往往比较紧凑，很少有类似上海威斯汀酒店这样具有

图 4-66　上海世茂皇家艾
美酒店位于 11 层的大堂

大尺度空间的。酒店的客房楼层在平面位置上一般与酒店低层公共部位重叠，
酒店大堂总台的中心地位已逐渐退缩，从尺度、位置上都体现出了人性化的一
面；把大堂吧作为酒店公共空间的视觉中心，如上海瑞吉红塔酒店、利士百顺
设计有限公司（LRF）设计的上海四季酒店（2001 年）、HBA 设计的北京丽兹
卡尔顿酒店（2007 年），更有许多高层商务酒店在将部分楼层作为办公出租用
房后，将大堂设置于离地几十上百米的标准楼层之中，如约翰·波特曼设计的
上海明天广场（2003 年）、李劲设计的山西国贸中心（2004 年）、香港 BLD 设
计的上海世茂皇家艾美酒店（2007 年，图 4-66）。

1999 年后国内旅游接待人数以及星级饭店数统计[①] 表 4-1

年份	国内旅游人数 （百万人次）	国外入境旅游人数 （万人次）	星级饭店数量（家）
1998	695	710.77	5782
1999	719	843.23	7035
2000	744	1016.04	10481
2001	784	1122.64	7358
2002	878	1343.95	8880
2003	870	1140.29	9751
2004	1102	1693.25	10888
2005	1212	2025.51	11828
2006	1393	2221.03	暂缺

① 统计数据中未包括港、澳、台入境旅游人数，参照《中国统计年间 2007》旅游业发展情况的相关统
　计数据。

度假酒店以接待度假休闲游客为主，多建在滨海、山川、湖泊等自然风景区，经营季节性强，对娱乐设施要求较高，突出个性化服务，户外的青山绿水、阳光沙滩是度假酒店的必备要素，所以在设计风格上往往更讲究人与自然的融合，努力为住客创造休闲放松的环境。酒店从软件服务到硬件设计，都体现出了家庭化的倾向，室内温馨的氛围渐渐取代了豪华的气派，如上海佘山世茂酒店、苏州南园饭店等。

尤其是所谓经济型酒店 B+B（bed+breakfast）管理模式的出现，是娱乐、健身和餐厅等功能逐渐退出酒店经营体系的直接结果，以前社会客人到宾馆饭店消费的潮流已经转为宾馆客人流向社会消费，如锦江之星、速 8、如家快捷等一批连锁经济型酒店迅速席卷全国，不仅体现了市场对酒店社会角色转换的引导作用，也使酒店建设从求规模向求效益转变。功能的减少并不意味着酒店设计水准和服务质量的降低。从上海设计师叶峥设计的多家经济型酒店的案例中，我们依然能够感受到设计上追求艺术创新的努力（图 4-67）。

文化主题型酒店的出现具有典型的消费社会中文化消费的特点，不再只是满足于宾馆环境和服务的享受要求，更是一种对于体验式消费的目的性要求的满足，如位于杭州休博园的第一世界大酒店（由美国 PRVA 设计公司设计）就是以热带雨林为主题的一家星级酒店，拥有国内最大的热带雨林中庭。更多的已经建成的文化主题型酒店则强调与所处地域的文化环境的紧密相扣，如山西平遥云锦成酒店（图 4-68，王怀宇改造设计）脱胎于平遥典型的前店后院式普通民宅，塑造的就是晋商文化的原真和怀旧；北京的远通维景酒店（王琼设计）因紧贴一旁的梅兰芳京剧院，故许多传统京剧艺术中的元素被整合到设计中；呼和浩特的内蒙古饭店则根植于草原的游牧文化，体现出蒙古族人民对于成吉思汗的崇敬和缅怀（图 4-69）；拉萨的雅鲁藏布大酒店则在设计中把藏区的宗教文化和民俗文化结合了起来。

图 4-67　锦江之星青岛火车站店（叶峥设计）一层平面及餐厅
图片来源：室内设计师 .5.

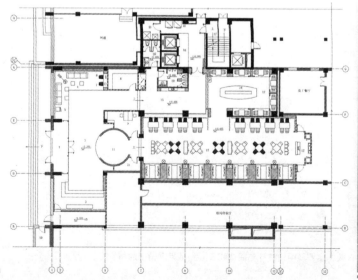

平面图

图 4-68　云锦成宾馆利用
老宅改造的接待前厅

图 4-69　内蒙古饭店成吉
思汗金顶大帐（包厢）（左）
图 4-70　餐厅吊顶上由藏
族画师纯手工绘制的藏式
彩绘（右）

例 45　雅鲁藏布大酒店（图 4-70、图 4-71）

设计人：刘山

建成时间：2006 年

建筑面积：18000m² ；186 套客房

这是拉萨第一座按五星级标准建造的宾馆，地处美丽的拉萨河畔。酒店的
设计以藏文化为主题，并集民俗文化博物馆为一体，店内陈列了可以对外销售

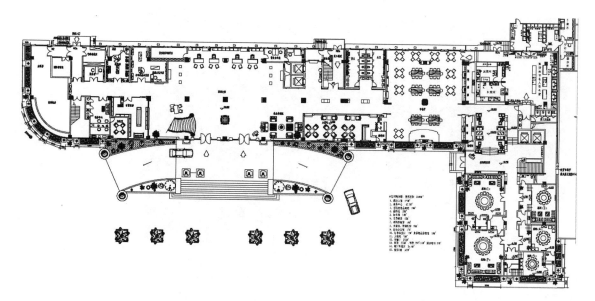

图4-71　雅鲁藏布大酒店一层平面图
（由刘山提供）

的众多从民间收集的工艺品和藏族生活用品以体现地域文化特色。设计师在虚心请教藏学专家的意见后，在设计中重点表现藏区以宗教文化为主体的文化主题内容，如大堂吧的固定式酥油筒造型栏杆、餐厅的藏民日常生活器皿陈设、到处可见的藏式手工彩绘，尤其是大堂中庭的立体坛城（胜乐本尊坛城）的设置，从"弘扬藏文化"的角度出发，突破了只有高级别的宗教场所才能供奉的禁忌限制。[①]这种主题文化的体验都通过现代工艺及手法得以充分展现。与国内其他酒店相比较，该酒店有几处特殊设施充分体现了设计师对生命的关怀——空调新风上加了增湿功能，所有的床头和卫生间的洗浴区在触手可及的位置均设有紧急呼叫按钮，以应变高原反应所带来的意外。

4.6　信息技术浪潮下的同一化和全球化

4.6.1　互联网和现代信息电子技术

　　如果只有电脑的发明而没有网络的发展，那么人类只是多了一个自动化的劳动工具。正是借助20世纪90年代迅速发展的互联网技术，人类才真正迈入信息化时代。互联网即Internet，泛指通过网关连接起来的网络集合，即一个由各种不同类型和规模的独立运行与管理的计算机网络组成的全球范围的计算机网络，包括局域网（LAN）、城域网（MAN）以及大规模的广域网（WAN）等。互联网具有许多强大的功能，其中包括电子邮件（E-mail）、远程登陆（Telnet）、交互式信息查询（WWW、Gopher）、文件传送（FTP）、电子论坛（BBS）和交互式多用户服务（Talk、Chat）等。网络的出现改变了人们使用计算机的方式，更改变了我们的生活和工作方式。中国互联网络信息中心（CNNIC）2008年

---

① 根据设计人刘山提供的设计说明节选。

1月发布的《第21次中国互联网络发展状况统计报告》显示：截至2007年底，我国网民总人数达到2.1亿人，互联网的普及率已达16%。任何人只要通过一台与互联网连接的电脑，就可以不受时间和空间的限制，获取网络上难以计数的资源，同世界各地的人们自由交换信息，完成从前难以想象的复杂工作。

除了网络，现代信息电子技术的迅猛发展使我们在信息沟通的其他方式上也发生了巨大的变革。根据原信息产业部2008年初的最新统计[1]，截至2007年12月，中国手机用户数达5.47286亿户，手机普及率为41.6%，手机短信发送量达到5921亿条。从电话到移动电话的普及，不仅使书信、电报、寻呼机等传统的、低效率的信息沟通工具退出了历史的舞台，也改变了我们的生活。

4.6.2 工作和生活方式在信息化条件下的变革以及对设计的影响

当今世界在经历了第一次工业革命的机械化和第二次工业革命的电气化浪潮后，第三次工业革命的信息化浪潮正在势不可当地席卷全球并深刻地影响和改变着我们的生活、工作、学习等各个方面，《第21次中国互联网络发展状况统计报告》还显示，中国网民首选的互联网应用发生了转移，娱乐已经成为我国互联网最重要的网络应用，体现互联网娱乐作用的网络音乐、网络影视等排名明显靠前，超越了搜索引擎、网络游戏和电子邮件，而习惯通过网络购物的网民人数已达到4640万，许多人对于电脑、网络以及手机都产生了极端依赖性。遍地开花的网吧和移动通信营业网点网络只代表了信息化条件下的社会新事物，设计师在设计实践中必须充分考虑和积极面对信息化所导致的各种新的模式和新的矛盾。

就设计自身而言，由于图像和数据的远程传输变得十分迅捷，所以各种专业集中在一起办公的方式逐渐被专业的细分以及分包模式所取代，而这种专业分包的协作不仅需要建立一个数据共享的工作平台，不仅要做到设计规则和制图标准的一致性，更要求实现所有设计数据的唯一性。首都机场T3航站楼的设计过程就运用了这种协同工作的模式，充分发挥了网络在设计上的优势。其实，当装饰的施工全面实现工厂化制作时，网络的这种优势还可以帮助我们实现从CAD到CAM[2]的无缝连接，真正实现从设计到施工的无纸化。

在实践应用设计中最常见的，就是在室内家具设计中必须预先考虑电脑和各种网络的布线的走向和信息点的位置，这几乎可以涵盖所有的建筑类型，这种变化也带来了家具灵活性的问题。在某些特殊场所的室内设计中，信息技术所带来的还不仅仅是综合布线所造成的变化。如在图书馆的设计中，电子阅览方式已经从试点阶段迈入全面普及阶段，20世纪为提高藏书流通率所倡导的开架管理模式，由于阅览方式的改变而需要革新，以前往往需要比较大的目录查询检索空间，现在只要有几台电脑，就可以通过网络在几秒钟内检索到你所

---

[1] 新华网：http://news.xinhuanet.com/tech/2008-01-26/content_7499422.htm
[2] Computer Aided Manufacturing 的英文缩写，指数控加工制造技术和过程。

图 4-72 国家图书馆二期中庭
图片来源：国家图书馆官方网站。

需要的文献资料，这个过程甚至可以在家中完成，节约了时间，也提高了检索的准确性。数字技术背景下图书馆目录厅的淡化，仅仅是网络的无限世界突破了图书馆有形空间的开始，尽管电子书籍可能在相当长的时间内还不能完全代替纸制书籍，但我们有理由相信数字技术强大的存储和检索功能将对图书馆的设计产生革命性的影响，在几乎可以无限扩大的虚拟世界中让更多的人体验和分享人类文明和精神财富。

21 世纪初建成的首都图书馆和中国科学院文献情报中心图书馆是我国图书馆迈入数字信息时代的标志。即将建成的国家图书馆二期暨数字图书馆工程（图 4-72）将成为世界上最大的中文数字资源基地、国内最先进的网络服务基地。国家图书馆二期设置了 800 个电子阅览座席和 6000 个信息点，同时运用了无线网络技术，使互联网可以覆盖大楼的每个角落。不过，设计方案中高达六层的贯通式室内中庭阅览空间可能过于庞大，尽管可以满足摆藏《四库全书》巨大的体量以及所形成的特定历史文化氛围，但如何解决读者间相互干扰的问题有待时间的考验。

同样地，股票的交易方式从现场纸制交易到电话交易再到网上交易的变革，也就决定了证券营业场所中散户大厅的逐渐消失，甚或是大户室的萎缩。也许不久的将来，一般证券营业场所不会比银行的储蓄所大多少。现场的交易可能会更多地成为一种为老年股民提供交流、排解寂寞的方式。这种变化体现出了网络让人们无比亲密，但又无比遥远的现实影响。本章第三节中就提到人有相互交流的需求，如果沉迷于网络所构成的虚拟世界而不能自拔，只会离现实世界更加遥远。计算机和网络对于人们心理和精神的负面影响亟待研究。所以，尽管网络可以帮助人们实现娱乐、购物或学习的目的，但是网络还无法取代剧院、商场或学校的位置，尤其是社会功能，因为"人生来需要与他人进行真实的接触，在有他人形成的物理环境中感知生活、感知自己"。[①]

4.6.3 SOHO 居住模式

何谓 SOHO？即 Small Office Home Office 的缩写，意即"小型办公，居家办公"。SOHO 是在中小公司迅速崛起，对居住和工作混合性空间的需求越来越大的市场环境下出现的。它的出现将现代人原本完全分开的工作和生活从空间和时间上都重新整合在一起。尽管 SOHO 这种重新整合的形式并非具有革命性的意义，但比较 80 年代中期北京国际大厦、上海瑞金大厦的设计以及后期出现的所谓商住楼模式，不仅入住群体存在很大的差异性，更是互联网技术的日新月异的必然结果，当电脑和网络成为个体与社会之间沟通的桥梁时，

---

① 从 CAAD 到 Cyberspace——信息时代的建筑与建筑设计：184.

传统含义办公空间的存在意义需要重新审视和定义。

于 2001 年完工的北京 SOHO 现代城总建筑面积有 480000m²，分两期建成，建筑设计人为崔恺、朱小地，张永和、安东尼奥等设计师完成了样板房的室内设计和顾问工作。设计者将外立面色彩一直延伸至室内电梯厅的设计，则给人以家的识别性和归属感。

除了在设计中力求以灵活流畅的空间形式满足居家办公功能要求外，还试图进行四合院形式在高层建筑室内空间上的某种尝试，以期求得"低层公寓混合体的温暖和快乐"[①]：在 SOHO 现代城的 5 号楼的设计中，每六层设置一个共享中庭，犹如一串叠加的空中院落，为高层住户提供了一个邻里交往的休闲空间（图 4-73）。此种设计理念的探索以及房产的热销，从一个侧面说明：网络时代尽管可以改变人们的工作或生活方式，但是现实世界中人与人面对面的沟通和交往依然是我们所渴望且无法割舍的。

北京建外 SOHO（图 4-74）则以一种更开放的姿态制造出了北京"最时尚

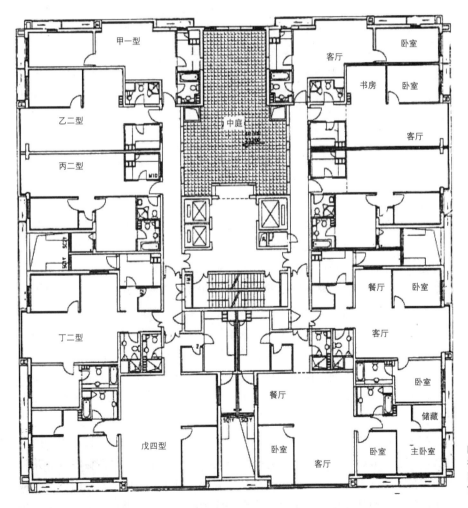

图 4-73 北京现代城 5 号楼标准层平面
图片来源：建筑学报 .2001，7：28.

---

① ID+C.2000，6：29.

图 4-74 建外 SOHO 入户
门厅的巨大标识
图片来源：ID+C.2005，7：
107.

的生活橱窗"，不再局限于只有居住和工作的功能，而是将居住、工作、休闲、消费融为一体，是对 SOHO 建设模式的一种理念上的延伸。建外 SOHO 由日本设计师山本理显设计，为室内空间创造无数种可能的概念已经完全超越了信息化所引发的居家办公的概念。这种多元性在建外 SOHO 的开放性空间内形成了一个更为开放的社会，功能的互补和相互依存关系其实是对于网络时代社会功能缺失的理性回归。

4.7 技术和材料的日新月异

科学技术的发展必然会在建筑学科的各个领域产生巨大的影响，在室内设计中，不仅在空间的塑造以及内外各界面的界定方式上发生了诸多改变，装饰材料从花样到品种更新换代的高频率更是令人目不暇接，过大的选择范围有时反而更加大了抉择的难度。除了新的品种，传统材料新的使用方式、材料的二次深加工技术以及各种材料之间的相互仿制和替代性使得材料的适用范围得到了更大的拓展，尤其以陶瓷产品、防火板以及墙纸产品的模仿性能为佳。这几种材料的表面仿真处理技术几乎可以在木材、金属、石材、皮革以及布纹间实现全方位的替代，毕竟材料自身的导热性能是较难改变的。这种材料间的相互替代可以部分弥补不同材料间的经济价值、表面感官以及其他类似耐磨、便于清洁和加工等性能上的差异，化解了人们使用过程中的某些习惯性思维或是多重性要求的矛盾。材料使用范围的拓展和延伸则更多地成为设计师开阔设计思路、探索设计新手段的一种便捷途径，如某些地面或墙面的常规材料用于吊顶（张永和设计的唐宫海鲜坊），外部围护材料的室内应用等。也许材料本身并没有使用范围的限制，只是我们人为地、主观地限制了材料应用的范围，反而限制了我们在材料使用中的无限创造力和想象力，当然，前提在于不违反某些强制性规范。这种限制，就如同多数建筑在设计之初所预设的使用功能，并不能

图 4-75 上海科技馆（二期）地球家园展区
图片来源：ID+C.2006，2：25.

完全适应建成后的实际使用一样，制造者和使用者之间一定存在适用性和异用性的矛盾或差异。

例 46 上海科技馆（图 4-75、图 4-76）

设计人：上海市建筑设计研究院＋美国 RTKL 国际有限公司，加拿大 Forrec 公司＋上海康业建筑装饰工程有限公司

建成时间：2001 年（一期）；2005 年（二期）

建筑面积：96000m²

建成之初即作为 APEC 的会场之用，APEC 后作为一座集教育、科研交流和收藏等功能于一体的综合性科普展览场馆，以巨大的灵活性成了一个充满生机和活力的场所，既是专家学者的交流平台，更是学生们的校外课堂，甚至可以成为市民的游乐场和休闲中心。散点式的展陈模式让信息的传播和获取变得更为轻松和

图 4-76 上海科技馆（一期）中央球形大厅

随意，开放性和互动性成为设计的最终目的。馆内设有地壳探秘、生物万象、智慧之光、儿童科技园、视听乐园、设计师摇篮、地球家园、信息时代、机器人世界、探索之光、人与健康、宇航天地这 12 个常设展区，室内展陈设计分两期进行，后 6 个为二期布展区。馆内还有 4 个特种影院，分别是巨幕影院、球幕影院、四维影院与太空影院，组成了迄今为止亚洲规模最大的科学影城。中央的球形大厅为整座建筑中最戏剧化的空间，大厅不仅是建筑外观的构图中心，也是两侧展厅的连接点。中间的悬浮状球体内为球幕影院和四维影院，后者是由三维立体电影和一维环境效果结合而成的。放映时，影院内的环境洒水、喷水、吹风、振荡、烟雾以及座椅下沉等特效，随电影故事情节的变化而变化，使观众真地感受到下雨、海水溅起、跌入陷阱、海蟹咬腿等现象，完全把观众与电影融为了一体，在视听享受之外，使观众的触觉、嗅觉也得到了满足。[①]

二期作品加强了人与自然、人与科技、人与未来的互动，并表达了人们对未来科技的普遍理解和幻想的渴望。室内艺术的创作借助了诸多高科技的成果，如"信息时代"展区的"巴力膜"曲面发光墙和天顶，"地球家园"展区的喷绘聚酯地材等。正如设计者所云："科技是向前发展的，设计也应该随时跟随科技的脚步，创造未来的美好生活。"[②]

图 4-77　北京天文馆新馆入口

例 47　北京天文馆新馆（图 4-77）

设计人：美国王弄极建筑师事务所 + 中国航天建筑设计研究院

建成时间：2005 年

建筑面积：约 22000m²

根据个人目前所掌握的专业知识和理论，对于这样一个可以拿建筑的形式语言来解释当今宇宙宏观和微观理论的"超现实"的作品，不仅会捉襟见肘，更担心词不达意。除了惊叹于在设计和施工中使用大量双曲面形式和材料的做法，更对解释宇宙各种现象的量子力学、超弦理论产生了巨大的好奇。也许这些关于万事万物的理论（Theory of Everything）能够帮助整个建筑学科从古典力学的惯性思维中迈向更能反映事物本质的微观宇宙中。鉴于学识有限，在本论文中仅摘录几段设计人对于此项目设计的相

---

① 相关论述参考"上海科技馆"官方网站 www.sstm.org.cn
② 范业闻，施峰 . 融入科技视野的人文教育景观 .ID+C.2006，2：21.

关介绍[1]：

"北京天文馆新馆……企图以几何形体为主导的建筑表现来体现我们这个时代的宇宙观，是对部雷的牛顿纪念馆的一个当代的回应。"

"新天文馆的曲面玻璃幕墙体现了一个物理现象，称作空间扭曲，此一扭曲空间无法在欧几里得几何概念中得到恰当的解释。……在相对论的非欧几里得世界中，最短的距离是一条曲线，因为空间本身是弯曲的。"

"当超弦理论作为大统一理论继续主宰未来的理论物理研究之际，北京天文馆项目力图为这种对于当代宇宙论与理论物理学至关重要的探求提供物证。我们希望在人类历史的此时此刻为这样的宇宙探索提供一个建筑学的证言。

通过将两种几何秩序交汇在一栋建筑中，新馆的几何形体传达了两个天文学领域的综合，两种几何秩序：一是双曲面，表现着空间扭曲和黑洞，她存在于宏观宇宙；二是封闭的和分叉的管道，表现着超弦体，她存在于微观宇宙……"

例 48　上海东方艺术中心 （图 4-78、图 4-79）

设计人：上海现代建筑装饰环境设计研究院 + 保罗·安德鲁

建成时间：2004 年

建筑面积：约 40000m²

东方艺术中心主要由 1979 个座位的东方音乐厅、1054 个座位的东方歌剧院和 330 个座位的演奏厅组成，加上入口大厅和展览厅，犹如五片绽放的花瓣，组成了一朵硕大美丽的"蝴蝶兰"。歌剧厅里有当时国内最好的舞台设施，也

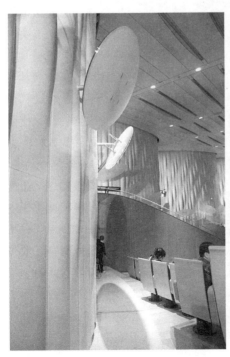

图 4-78　音乐厅墙面反射板（左）
图 4-79　陶板挂片细部（右）

[1] 王弄极. 用建筑书写历史——北京天文馆新馆. 建筑学报.2005，3：36.

是国内第一家拥有冰台的专业室内剧场。音乐厅采用环绕式座席布置方式，88 音栓管风琴设备是从奥地利定制的，堪称国内之最（在建的国家大剧院除外），室内墙面采用 GRG 板，吊顶和墙面装有 100 片可调节的玻璃声学反射板。每个观众厅的外墙采用在陶都宜兴特制的浅黄、赭红、棕色等陶瓷装饰，形成各自独有的识别色，挂片多达 15.8 万片，全部用钢索固定，最高处达 14.8m，极具艺术魅力的同时也带来了保洁的难题，据称全部擦洗一遍就要两个月。

例 49　上海南站（图 4–80、图 4–81）

设计人 : 法国 AREP 公司 + 华东建筑设计院（建筑）
　　　　　华东建筑设计院室内及景观设计部（室内）

建成时间 : 2006 年

上海铁路南站是中国内地铁路车站建设中第一次真正实现与地铁、轻轨等城市轨道交通系统的"零距离"换乘，同时有效兼顾与公交、出租车、社会车辆甚至长途客运之间安全、便捷的换乘。整个建筑采用"高进低出"方式分为出发层、站台层和到达层。主站屋高 47m，圆顶直径达 255m，总面积近 6 万 m²。18 组"人"字形钢构架呈辐射状支撑起整个屋盖，结构自身强大的表现力和空间张力使得任何装饰都显得多余。屋顶设计为透光复合材料，自然光经过充分过滤和散播，使得在 6 万 m² 的室内白天不开一盏灯也十分亮堂，每年节约用电量非常可观。采光顶的透光材料类似"三明治"结构，最上层是减少强光照射的铝合金遮阳板，中间一层关键材料是透明聚碳酸酯板材（由 GE 塑料公司生产），这两种材料既保证透光率 65%，又构成阻挡紫外线的联合防线，使阳光中多数热能无法渗入，主站屋因此不会变成闷热的温室。内层为穿孔金属板。这些透光性好的新板材，可使夏季屋内降温和照明费用减少 40%。不过，由于这种新型材料还缺少时间的考验，人们对其耐老化性能以及钢鼓效应[①]的负面影响还是存在一定的疑问。

圆形的平面设计方案化解

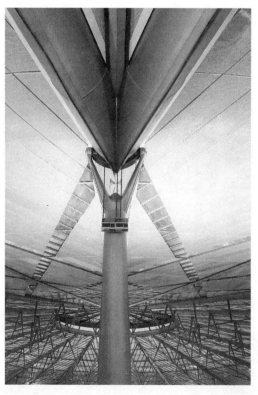

图 4–80　上海南站钢结构细部
图片来源 : 室内设计师 .1：74.

---

① 指屋面板材在暴雨或冰雹冲击下所产生的巨大声响。

了与城市路网间夹角的紧张关系，环形的高架车道使得多方向进站成为可能。但是圆形平面往往缺乏方向指示性，并且容易产生声聚焦，故室内设计的主要任务就是弥补这些缺陷，车站内的实体墙面多采用了木本色的吸声板，同时建设了一套较为完善的导向标识系统。崭新的火车站内还特意为残疾人士设置了专门的售票窗口并配了八部垂直升降电梯提供特殊服务，使年老体弱及行动不便的旅客上火车做到"无障碍"。环形大厅内设有软席候车室、城际列车候车室及旅客候车室 14 个，可同时容纳 6000 余名旅客候车。每个候车室用花坛隔断，并配有信息显示屏和电视。候车室与检票通道间也采取玻璃隔断，保证了整个大厅的通透性和完整性。

图 4-81 上海南站候车室一角

4.8 地下空间的室内设计

4.8.1 新时期我国地下空间的发展概要

仅就狭义的室内设计而言，地下空间是最纯粹、最独立的室内空间，没有建筑风格的界定和限制，没有内外界面的相互影响，只需要考虑纯粹内部空间的组合和各个内表面的艺术表现。当然，与地面建筑最大的区别在于：人工照明设计和通风设计是所有地下空间设计的首要内容。

人类的建筑行为从普遍意义上讲就是一种占有空间的实践活动，不是向上就是向下，所谓"上天入地"。在我们不断突破高度极限的同时，地下空间的开发利用也越来越受到人们的重视，地下空间的利用已经从简单的存放功能（地窖、车库等）逐渐发展到交通、商业、娱乐、展示等各种形式。其中后几类在室内设计时除了有更严格的安全要求外，它们与设于地面建筑内部并没有显著的差异。最具有独立性的，就是地下轨道交通的车站设计。国外的地铁建设已经有一百多年的历史①，其中巴黎、莫斯科以及斯德哥尔摩的地铁车站均以其独特的艺术魅力而闻名遐迩。

我国的第一条地铁于 1969 年在北京建成通车，但由于当时属战备工程以及电气系统在很长的一段时期内存在安全隐患，直到 1981 年 9 月 15 日，北京地铁才正式对外运营（图 4-82）。为方便中外来宾参观中国革命军事博物馆，当时北京地铁 1 号线在军事博物馆站东北侧出站口还设有一台自动扶梯。北京地铁 2 号线于 1971 年 3 月开工，1984 年 9 月建成。北京地铁 1、2 号线全部为地下车站。②

天津地铁 1 号线（图 4-83）一期工程于 1984 年 12 月建成通车，全长 7.4km，沿途共设 8 个车站。直至 2006 年，天津地铁 1 号线全线建成并开始试运营。

上海轨道交通 1 号线南段于 1993 年 5 月建成通车，1 号线全线于 1995 年 4 月试运营，南、北延伸段分别于 1997 年 7 月和 2004 年 12 月开通试运营。1 号线全长 33km，共设 25 座车站，其中地下车站 14 座。

我国地铁建设的真正高潮开始于世纪之交。

1999 年 6 月，广州地铁 1 号线西郎站至黄沙站 5.5km 的一期工程竣工并投入试运营。目前，广州地铁 1 号线全长 18.48km，设 16 个车站。

从 2000 年开始，上海以每年 30~40km 的速度进行建设，到 2007 年底，6 号线、8 号线和 9 号线开通试运营，总运营里程将达 234km。上海地铁 2 号线

图 4-82　北京地铁东四十条站（左）
图片来源：北京十大建筑设计．
图 4-83　天津老地铁（地铁 1 号线一期工程）西站内景（右）
图片来源：北方网．

---

① 1863 年伦敦开通世界上第一条地铁。
② 根据北京地铁运营公司网站相关资料整理。

穿越浦东与浦西，现有 13 座地铁车站，其中，除张江高科站为高架站外，其余全部是地下车站。全程超过 18km，于 2000 年 6 月 11 日通车。其中，在 4 号线浦电路车站出现了方便肢体残疾者的电动轮椅升降机。

南京地铁 1 号线于 2005 年 9 月 3 日开通，全长为近 22km，沿线设有地下车站 11 座，地面及高架车站 5 座，全线贯穿主城区的中心腹地，把南京中心区的商业、金融、文化、综合服务等繁华区域及对外交通口等客流集散点连接起来。

截止 2005 年[①]，我国已建成轨道交通的城市有北京、上海、天津、广州、南京、深圳、武汉、重庆、长春、大连 10 个城市，20 条线路。除以上这些城市还在继续开发建设更多的线路外，沈阳、杭州、成都、哈尔滨等城市也正在开发建设各自的轨道交通，而正在酝酿或报批立项的城市起码还有十几个。

4.8.2 地铁车站设计中的识别性和安全性

由于缺乏类似地面建筑的特定的参照物，绝大多数乘客需要依靠标识导向系统来辨别方向，在地铁车站的室内设计中，完善的指示标识系统的设计显得尤为重要。很难想象，在有 14 个出入口的上海地铁 1 号线徐家汇站，如果没有一个完善的指示标识系统，乘客将面临何种局面？

这里还存在一个不同地铁车站雷同性的问题。根据站点周边区域特征设置主题壁画是我国多数车站室内设计的惯用手段，如上海地铁 1 号线的漕宝路站（图 4-84）、2 号线的陆家嘴站、南京地铁 1 号线奥体中心站等的主题装饰壁画不仅有较高的艺术性，也与站区的地域特征相呼应，而北京地铁 1 号线的建国门站壁画"四大发明"（图 4-85）、南京地铁 1 号线鼓楼站壁画"六朝"（图 4-86）等则以祖国的传统文化作为艺术创作的主题，但多数壁画要么色彩单一、光线昏暗，要么被各种商业广告或摊点所淹没，失去了识别作用。

对于大多数车站而言，装饰语言细节上的微小差异，在乘客快速流动的状态中往往并不具备易识性。上海轨道交通在多条线路上执行不同的线路标志

图 4-84 上海地铁 1 号线漕宝路站不锈钢 + 搪瓷壁画"向太空"（左）
图片来源：ID+C.1995，4.
图 4-85 北京地铁 2 号线建国门站壁画"四大发明"局部（右）

---

① 孔健.地铁车站内部空间环境人性化设计研究.同济大学博士学位论文：1.

图 4-86　南京地铁 1 号线
鼓楼站"六朝"金印浮雕
图片来源：南京地铁官方
网站

图 4-87　北京地铁 5 号线
东单站

色[①]，也只是在局部并轨线路和换乘站上起到了明显的区别引导作用，同一线路上不同车站的差异性并不明显。也在局部线路上试图通过车站标志色的不同来强化车站识别性，如上海地铁 1 号线新闸路站的红色、2 号线静安寺站的黄色，北京地铁 5 号线东单站的橙色（图 4-87）等，但此方式只可偶尔试之，不宜大范围推广。至 2007 年底上海轨道交通线路的站点已达 160 个，如果每个车站都有自己的标志色，其结果只会导致更大的混乱。

　　技术条件的类似性导致了基本对称的内部空间布局和雷同的装饰环境，是目前我国地铁室内设计中的一个明显特征，石材或地砖地面、搪瓷钢板护墙、金属吊顶几乎成了标准装修模式。但这种标准化模式缺乏在空间上提示乘客获

---

① 1 号线红色，2 号线绿色，3 号线黄色，4 号线紫色。

图 4-88 北京地铁 5 号线雍和宫站

取方向感的设计，降低了乘客快速辨别方向的能力，使得乘客（尤其是对线路陌生的乘客）必须借助其他识别系统（如文字、符号等）辨别方向，比如在南京地铁 1 号线的多个站点均在地下站台的站名标识墙上采用了斗大的汉字！外部形式的差异性要比色彩或符号的差异性更具识别性！值得借鉴的是 2007 年刚建成的北京地铁 5 号线雍和宫站（图 4-88），它是 5 号线中唯一一座纵向立了三排大柱子的站台。当初是出于对文物保护的考虑，特意将往南方向的地铁挖深了一层，导致两侧站台不在一个标高，形成了一个错层的站台，极易辨认。站台的台阶护栏全都采用汉白玉雕花制成，云纹望柱、抱鼓、寻杖、云拱一应俱全，加上立柱全部采用中国红，表现出浓厚的中国传统韵味，贴切地渗透着雍和宫以及周边环境中所蕴涵的文化传统。

地铁屏蔽门系统是现代地铁必备设施，它将轨道空间与站台空间隔离。屏蔽门设计的初衷在于降低装有空调系统的地铁车站的能耗，避免列车运行时的活塞风带走车站的冷气，使空调系统能耗过高。[①]上海地铁 1 号线、2 号线在建设之初由于境外公司的技术垄断造成的高报价等因素搁置了屏蔽门的同期建设，但随着客流量的增长，乘客跌落或跳下轨道自杀等安全事故频发[②]，自 2002 年起上海地铁 1 号线、2 号线以及北京地铁 1 号线陆续开始安装屏蔽门，但屏蔽门的主要作用反而被忽视，其附带的防止乘客意外跌落的次要功能，保障运行安全的作用却被广泛认可。不过，这种认识只考虑了为车站站台上的人员提供安全保障，如果地铁在隧道中发生事故，或者列车在紧急情况下车门无法对准屏蔽门，完全屏蔽下的隧道又将如何让列车中人员的逃生呢？

① 也有观点认为这种设计依据并不适应类似北京这样的北方城市，安装屏蔽门阻隔了列车运行时的活塞风这一有益的副产品，反而增大了车站环控系统设备的功率。

② 根据新华网 2002 年 3 月 22 日"安全事故相继发生 上海地铁将重新安装屏蔽门"一文：上海地铁因乘客意外进入轨道而发生的事故已达 40 多起，死亡人数超过 20 人。

4.8.3 地铁车站室内空间的商业价值利用

随着城市功能的不断延伸，地下空间的开发利用日益得到重视，地铁车站不再是只为交通工具服务的独立舞台，也成了城市的功能化地下节点。地铁的快捷可达性，使得综合开发地铁内部空间的商业功能和媒介功能成为可能。在已经充分市场化的今天，由于巨大的客流量所带来的潜在商业价值，地铁车站成了广告投放的重点场所。大量的广告开始充斥地铁车站的各个空间，多数平面广告采取灯箱的方式布置于靠轨道内侧的墙上，与站台间隔着轨道，为原本深暗的隧道内壁增添了一抹亮丽，而随着数字技术的广泛应用，一些多媒体动态广告也与地铁线路查询或实时预报系统捆绑在一起滚动播放。一些制作精美的广告招贴以及公益性广告，不仅具有很高的艺术性，也有助于引导良好的社会风尚。以上各种广告形式从地铁入口开始，经过上下通道，再到站台，直至列车车厢内，简直无孔不入。某些站点过度的广告轰炸，不仅容易让人产生视觉疲劳，更在"某种程度上影响了人们对于标识信息的摄取"。[①]

在早期的地铁车站设计中，由于受各种条件制约，往往缺少各种配套公共服务设施，而随着对内部空间环境质量的重视以及出于人性关怀的考虑，在一些新建的地铁车站中开始陆续出现休息座椅、区位地图、站点查询、地铁抵站时间实时预报等一系列设施，在即将建成的杭州地铁沿线主要车站中还设置了公厕。市场化的环境也使得地铁内部空间的商业价值开发成了提高地铁建设和运营收益的主要途径，各种小型便利店、自动售卖机、ATM 机等成了地铁主要的业态方式。如上海地铁 1 号线徐家汇站、南京地铁 1 号线新街口站、北京地铁 1 号线国贸站等，由于周边聚集了各类大型物业和商业网点，巨大的商机使得这些站点的地下空间几乎已经成为一个地下商业街区（图 4-89）。

图 4-89　上海地铁 2 号线人民广场站的汽车展台（拍摄：江滨）

---

① 贾洪梅.国内当前地铁车站室内环境设计的方法及发展初探.南京林业大学硕士学位论文：82.

4.9 新世纪的住宅室内设计

4.9.1 从游击队到正规军

城镇住房制度改革的不断深化以及住宅商品化的初步实现，使得全民装修热潮持续升温，根据中国建筑装饰行业的不完全统计：2006 年，我国建筑装饰装修行业实现施工产值 11500 亿元，其中住宅装修突破 7000 亿元。但是，因二次装修造成的破坏结构、污染环境、邻里干扰，甚至劳务纠纷所带来的各种社会矛盾，也使得住宅装修从家事演变成了社会关注的焦点，讽刺住宅装修中各种现象和矛盾的小品都出现在了除夕春晚的舞台上。分析其中的原因，住宅商品化水平低是一个重要因素：在卖方市场为主导的社会环境下，开发商对于住宅产品质量和市场适宜性的分析和研究完全被巨大的经济利益所淹没，而买房人对于买到称心如意房子的愿望也在能否买到房子的恐慌心态下完全失衡，聊胜于无的购买行为也就造成了把住宅户型调整的希望寄托在二次装修过程之中。陈志华先生在《北窗杂记》中则分析认为这是社会公德缺失的结果："'正心、诚意、修身、齐家'，属于私德范畴，再往上，'治国、平天下'便是政治活动了，这中间缺了社会公德。"他认为这种公德的缺失，"并非是市场经济所带来的负面现象，而是前现代时期还没有市场经济时形成的传统"。国民素质的普遍培养和提高不是在短期内可以实现的，既然公德的培养有待时日，就只能以法规的形式对居民个人住宅的装修行为加以各种强制性的限制，以规范城镇住宅室内装修的管理。

在 20 世纪末 21 世纪初，许多管理措施以地方法规或政府指令的形式相继出台，如 2002 年 3 月原建设部颁布《住宅室内装饰装修管理办法》（建设部令第 110 号），所谓住宅室内装饰装修，是指"住宅竣工验收合格后，业主或者住宅使用人（以下简称装修人）对住宅室内进行装饰装修的建筑活动"。该办法对于长期困扰住宅室内装饰装修的涉及建筑结构和使用安全的行为作出了明确的限定，同时对装修者、设计者、施工者、物业管理单位以及政府行政主管部门的相关权利、义务、责任以及行政程序作出了具体的规定。尤其将从事住宅室内装饰装修工程的装饰装修企业纳入到建设行政主管部门企业资质管理范畴的规定，对于住宅室内装饰装修市场的规范管理起到了极其重要的作用。有了办理正规工商登记和企业资质的正规军，整个市场才有可能步入良性化的轨道上来。不过，政府对于市场准入条件的规定需要有一个循序渐进和政策衔接的过程，马路游击队现象的存在必然是市场需求的表现，也是政府监管错位的体现，与其屡禁不止不如网开一面，放低市场准入门槛和加强人员技术培训都是可以借鉴的疏通方式。

4.9.2 精装修住宅的推广

不管是 80 年代的初装修还是 90 年代的毛坯房，都在全民装修热潮中被敲打成千疮百孔。在以法规的形式规范住宅野蛮装修行为的同时，国家也开始考虑引导市场为居民提供装修成型的住宅产品。1998 年底，原建设部副部长宋春华在全国住宅建设工作会议上提出"尽可能为住户提供交钥匙即可入住的成品住宅，这样就要提倡和推行一次成型装修"。这是建设主管部门较早的一次在正式场合提出"一次成型装修"的概念。1999 年 8 月 20 日国务院办公厅以国办发 [1999]72 号文转发了原建设部等部门《关于推进住宅产业现代化，提高住宅质量的若干意见》的通知，提到："加强对住宅装修的管理，积极推广一次性装修或菜单式装修模式，避免二次装修造成的破坏结构、浪费和扰民等现象。"

为贯彻落实上述文件以及建设部令第 110 号的精神，原建设部住宅产业化促进中心于 2002 年 5 月编制了《商品住宅装修一次到位实施细则》，并于同年 7 月以建设部建住房（2002）190 号文的形式下发。推行住宅装修一次到位目的在于："逐步取消毛坯房，直接向消费者提供全装修成品房；规范装修市场，促使住宅装修生产从无序走向有序。坚持技术创新和可持续发展的原则，贯彻节能、节水、节材和环保方针，鼓励开发住宅装修新材料、新部品，带动相关产业发展，提高效率，缩短工期，保证质量，降低造价。"

"全装修住宅"是指在房屋交钥匙前，所有功能空间的固定面全部铺装或粉刷完成，厨房和卫生间的基本设备全部安装完成的住宅，购房者只需购买自己所需家具便可搬进入住。目前，北京、上海等地区的全装修住宅产品的市场占有率还不到 50%[1]，其他城市的比例则更低。表面上看，全装修模式还有很大的发展潜力，但是，把全装修住宅产品作为国家住宅产业的最终目标是不合适的。"住宅结构建设同装修装饰的周期差异，决定了二次装修必然存在，社会、家庭的变化，为二次装修提供了大量的市场发展空间。"[2]尤其是未来住宅一级市场趋于饱和，而二级市场成为主体后，对于二手房的二次装修的需求必然会有更广阔的市场前景。"两种装修模式各有利弊，应用范围有很大差别。一次装修模式虽然会带来家庭装修市场的分化，为部分企业提供了新的机遇和运作空间，对其来说是企业发展的春天，但是，在我国住宅开发建设中，一次装修不是唯一的模式，仍然要全面分析和研究市场。"[3]还有，目前国家税收政策中对于全装修住宅的征收税率和毛坯房是一样的，而当全装修住宅在使用过后转入二手房市场时需要交纳的税费更高，但此时装修的残值又有多少呢？全装修住宅的推广需要政策上的配套和扶持。

同时还需要认识到：不论是全装修还是精装修，都是以实现工厂化制作的产业规模效应为目标的，如果在实施过程中仍旧采用现场施工手工操作的模式，不仅不能发挥社会化大生产的规模优势，也显然违背住宅产品全装修的初衷。

只有当人们不再把房子作为毕其一生财力才能换来的唯一住地时，全装修

① 柳闽楠．住宅全装修的系统化与适应性——上海市住宅全装修实践经验与理念研究：28.
② 胡沈健．住宅装修产业化模式研究：103.
③ 胡沈健．住宅装修产业化模式研究：105.

才可能成为社会的主流。曾经认为"单一楼盘内同样的户型即使是菜单式的设计也无法满足不同客户的要求"是推广全装修住宅最大的障碍,但当整个市场拥有几百上千万套住宅时,选择范围的大幅扩大无疑会消除这一难题。届时,人们更可能会因为选择太多而苦恼。从另一方面考虑,我国从住房制度改革开始到全面实行商品化住宅开发模式,这二十来年中住房产品在环境、外观、面积、户型等方面的指标和质量都有了很大的提高,惟独住宅内部的建设标准没有变化甚至下降了。80年代的住宅不仅全部配置卫生间洁具,厨房的灶台、吊柜也大都一并搞好;而现在的商品房,有的连一个马桶甚至水嘴都没有!装修和土建的两步走,成了住宅建设中将住宅的装修抛给购房者的思维定势,消费者最终并没有同步享受到社会进步的成果,反而要为"有缺损"的合格产品额外买单。当今的住房市场和20世纪住宅装修热的社会背景条件相比已经发生了很大的变化,选择范围扩大,如果有完整并适宜的产品,消费者未必都以被动的拆墙破洞的装修模式来使住宅适应自己,而是以主动的姿态让自己来适应住宅。将装修甩给购房者,或者以精装修为借口大幅加价,都是一种推卸责任的做法,国家需要通过政策引导,全面提高住宅的室内建设标准,还原住宅建设的本来面目。

4.9.3 家庭人口变化对住宅设计的影响

1. 计划生育政策所带来的单户家庭人口下降的趋势

目前我国户均家庭人口数已经不到4人,以两大一小为主体的核心家庭日益增多,在土地资源有限的现实条件下,在户均人口数量下降的趋势下依旧盲目提高住宅套型面积不仅是不科学的,也是不应提倡的。根据现代人的成长周期和家庭伦理习俗分析,核心家庭的时间跨度大约为20~30年。当孩子长大成人,独立成家,不仅代表了原有核心家庭的分解和又一个核心家庭生命周期的开始,也代表了父母又将面对一个二人世界的开始。这种家庭人口在一定周期内的结构性变动是现在以及将来住宅户型设计中必须考虑的社会问题(表4-2)。这其中还有丁克家庭、单亲家庭、单身户等诸多类型的不同影响,比如针对丁克家庭中两性居住空间的对称化特点以及较高的宠物饲养比例[1]的设计。因此,以住宅全寿命跨度下的可持续的,兼具灵活性和开放性的设计概念得到了专家学者的重视,除了80年代开展的引用"荷兰SAR理论"的支撑体住宅研究,还有相类似的日本KEP计划、CHS体系等。

			家庭生命循环周期表[2]		表4-2
主人	主人年龄阶层	家庭循环阶段	家庭形式	子女情况	年限(年)
25岁以前	成长时期	准备阶段	单身者		0~5

---

① 梁旭,黄一如.城市"丁克家庭"居住问题初探.建筑学报.2005,10:45.
② 龚娅.住宅产业化进程中的住宅适应性研究.同济大学硕士学位论文.2005.

续表

主人	主人年龄阶层	家庭循环阶段	家庭形式	子女情况	年限（年）
25~27 岁	自立时期	成家阶段	结婚家庭	无子女	1~3
27~30 岁	活动时期	养育阶段	基础型家庭	0~2 岁婴儿	2
31~34 岁				2~6 岁学前儿童	4
35~40 岁		教育阶段	发展型家庭	6~12 岁学期儿童	6
41~46 岁	安定时期			12~18 岁青春期、教育期少年	6
47~52 岁				18~24 岁青年期，就学或就业	6
53~74 岁	自由时期	瓦解或集合阶段	缩减或增加型家庭	子女婚后可能分居或共同居住	6~15
75 岁以上	保护时期	老年阶段	残余型家庭	老年夫妇或死亡，与子女分住或合住	6~20
总年限					37~62

2. 人口老龄化趋势的影响

1990 年第四次人口普查，60 岁以上老年人口 9738 万，约占总人口的 8.62%；2000 年第五次人口普查，60 岁以上的老年人口达到 12998 万，约占总人口的 10.46%。其中 80 岁以上高龄老人达 1343.4 万，占总人口的 1.07%。同期数据显示中国人的平均寿命已达 71.4 岁。预计到 2020 年，我国老年人口将达到 2.48 亿。[①]所以，许多方面都受到人口老龄化趋势的影响。在室内设计和器具配置方面就要考虑老年人的生理、心理特点，如多设置扶手，提高房间照度，适度调整洁具的安装高度，加装实时监控和紧急呼叫系统。上海绿地孝贤坊的全装修设计中不仅采取了上述部分措施，还有将所有直角墙角改为了钝角以防止老人磕碰受伤。住宅户型设计则需考虑多代同居的特殊性（起居时间的错位、生活习惯的差异），还要考虑家庭养老以及空巢老人的状态（需另请保姆），如北京东方太阳城老年社区在经济型公寓的设计中就设置了保姆房，而联排叠屋的设计则突出了"两代居"的设计理念。分户近居的模式也是一个不错的选择。

4.9.4　从遮风避雨到价值观的自我表达

家庭财富的普遍积累已经使得家不再只是提供了一处原始的仅仅能够遮风避雨的场所，而是希望通过二次装修，使家成为能够表达自我生活观、价值观甚至世界观的场所和载体。因此，中国住宅的室内设计尽管已经跨越了盲目模仿的初级阶段，但是由于对家庭生活意义的重要性和影响力，它依然背负着沉重的社会责任，对过去的怀念、对未来的憧憬、对文化的粉饰、对品位的修炼，还有对技术的追逐甚或对哲学的思考，都可能被压缩到家的斗尺空间中，而无法充分还原本应轻松和谐的家庭生活面貌。这多少反映出国人脑子里依旧存在"物本之家、百世不散"的思想。与晋、徽两地那些古老的私宅大院的建成观

---

① 全国老龄工作委员会办公室．中国人口老龄化发展趋势预测研究报告．2006.

自然温馨的家，天津开发区，设计：余平，
图片来源：ID+C. 2000，1：83.

个性浪漫的卧室，设计：李煜
图片来源：ID+C. 2000，6：85.

简约纯净的餐厅，上海胶州路，设计：高蓓
图片来源：ID+C. 2001，8：57.

古朴的英式书房，上海浦东，设计：陈建民
图片来源：ID+C. 2001，7：78.

图 4-90　各种风格或概念的住宅室内设计

念相比并没有多少进步意义，尽管没有了宗法族规，但依然裹足于小农经济的
意识中。不管是中式、日式、法国式、西班牙式，还是简约、复古、现代、田园，
种种概念的更迭使得住宅室内设计与时尚紧密相连，反而迷失了回归生活的本
质需求。紧跟时尚不能落伍的观念加上普通人群的从众心理让许多人在看与被
看之间彷徨（图 4-90）。家是生活的港湾，主义和风格永远无法超越生活而存在。

4.9.5　住宅商品化的伴生物——售楼处和样板房

随着住宅产业的迅猛发展和住宅产品的多元化，为了让手中的住宅产品能
够更快地获得更大的利益，房地产商都想方设法对自己开发的住宅进行包装，

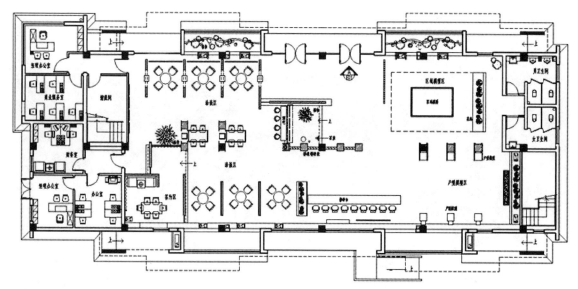

图 4-91　苏州加城国际销
售中心平面图
图片来源：ABBS

除了不时推销各种"概念"、"卖点"，为了在现房交付前确立良好的形象，取信于购房者，对售楼处、样板房以及小区会所的精致设计和装修成为房产开发普遍的前奏，由此产生了许多新的功能性建筑，这些以展示为主要目的的建筑，角色的特殊性和重要性使得它们的室内设计几乎能够用"完美"来形容：设计创新、用材考究、施工精雕细琢。

在经历了 20 世纪末取消住房实物分配前的销售高峰后，彻底进入住宅商品化时代的房产开发商们逐渐将售楼处的室内设计和装饰作为前期销售的重要组成部分。售楼处不仅需要满足展示、接待、洽谈和办公的功能要求，更要在设计风格和理念上与楼盘和房产开发商企业形象保持一致。苏州加城国际销售中心（图 4-91，2004 年 6 月建成，秦岳明设计）根据楼盘位于苏州的地域特点和现代的建筑外观，将苏州园林中的几种装饰元素简单提炼，并通过巧妙的空间对位关系，在黑、白、灰的简单重复中实现了空间的丰富层次和现代的"苏香"氛围。

全装修住宅商品的特殊性和现阶段我国商品房销售的政策，决定了可以以期房的形式进行销售，而在住宅销售期间，从成本上考虑又不太可能进行批量化的实态展示，所以，样板房的设计和实施就成了开发商和购房者之间确定全装修住宅装修式样和标准的重要参照物。

4.9.6　传统意境下住宅室内设计的几种倾向

如果否定在现代的社会中传统建筑回归的普遍现实意义，那么，对于传统精神意境的传承似乎得到了行业内外的普遍支持。这种支持直接转化为某些室内设计中对传统意境的强烈追求，有时甚至表现出奢侈傲慢和心理暗示的倾向。

例 50　长城脚下的公社（图 4-92）

2001 年，由张欣、潘石屹投资，亚洲 12 位建筑师在北京水关长城附近打造了 11 栋别墅：建筑面积从 330m² 到 700m² 不等，多为 500m² 左右，另有四千多平方米的俱乐部。其中，香港设计师张智强的"箱宅"，在巨大的 40m 长的客厅下面暗藏着卧室、卫生间、厨房甚至桑拿房等各种功能，这些功能性空间被带有气动支撑的活动地板所遮蔽，随时可以打开，保证了箱体空间的功能灵活性和完整性的并存。整个项目的主旨是建造一个私人住宅的当代建筑博物馆，并希望通过这个具有试验性的举动影响中国一代建筑师、开发商和消费者，是当代中国建筑文化发展过程中的一个重要事件，目前已作为凯宾斯基饭店旗下一个另类前卫风格的特色酒店向公众开放。

图 4-92　长城脚下的公社之箱宅
图片来源：ID+C.2002，11.

设计师：

中国内地：安东、张永和、崔恺

中国台湾：简学义

中国香港：张智强、严迅奇

日本：隈研吾、古谷诚章、坂茂

韩国：承孝相

泰国：堪尼卡

新加坡：陈家毅

例 51　浦东九间堂（图 4-93）

户型设计师：

严迅奇、俞挺、丁明渊、袁烽、矶崎新

样板房室内设计：

梁景华、林伟而、李玮珉等

因为对中国传统住居精神的回归而名噪一时，每幢别墅 600m² 到 1200m² 的建筑面积以及周边 3m 多高的围墙，似乎隔绝了喧嚣的尘世，以现代的语言阐释了中国传统的居住文化。但是，对土地的大面积占有取代了对土地稀缺性现状的正视，宽大的室内空间忽视了对小户人家温馨环境的塑造。封闭的环境表达出了对邻里交流和开放的冷漠和矜持。所谓的对中国传统住居精神的回归，不过是将士大夫的归隐精神扭曲为对富裕阶层在隐秘中享乐的快感的保护或是

图 4-93　九间堂别墅 7 号院客厅（李玮珉设计）（左）
图片来源：ID+C.2007，10：59.

图 4-94　北湖九号主入口长（右）
图片来源：ID+C.2006，7：19.

某种虚假的克制，并且这种建立在奢侈消费之上的克制更具有社会身份定位的识别性和排他性。

例52　北京"北湖九号"会所（图 4-94）

设计师：梁建国等（北京集美组）

"北湖九号"是北京五环内的一个高尔夫球会所，总占地 130hm²。设计师从策划入手到建筑规划再到建筑设计、室内设计直至其 VI 设计进行了一系列完整深入的工作。设计师对设计创作曾留下如此文字："会馆形取帝王宫阙之宏制，意得江南民居庭院之趣，隽永文质，大气而更得精致。青砖灰瓦，粉墙白壁，缘起视界黑白与空色的修炼……"[1] "集美组设计的价值取向始终是明确的，就是为中国的新贵们营造和世界接轨的奢华处所，此观点在三十年前必将被群起而攻之，可在当今这多元、宽容的社会环境中是无可厚非的。"[2]尽管无论外观还是内部材料和陈设都充溢着中国元素，但内部空间的纵向序列明显有西方古典主义的影子。同时，这种纵向空间序列所产生的宗教性氛围以及设计师试图表达的传统的中国精神意义与会所的商业化属性间存在明显的指向错位，除非认可精神或者文化可以成为消费的主体或是对象。

在迈入新世纪的门槛后，中国设计师所表现出的在现代物质技术条件下对文化复兴的强烈愿望，与改革开放之初香山饭店以及阙里宾舍项目中所传递出的探索中国建筑创作民族化之路的热忱相比，已经有了明显的跨越，包括此类项目的所有关注者，而使用者或者出资者在实现了对现代物质技术条

---

① ID+C.2006，7：17.
② 苏丹 . 一场中国精神和元素的反思——"北湖九号"高尔夫会所 .

件的超前并充分的占有后，又希望通过对文化或思想的占有，使得在精神上得到某种超前的满足感。这种文化或思想的占有，是利私的，是用来粉饰门面的，并没有希望大众来分享这种文化或思想"进步"的成果，所以更无从谈起设计的民主性。

所谓的心理暗示倾向，其实就是指已经流传上千年的"风水"术对如今室内设计行业的影响。无论是形式宗还是理气宗，都认为人的命运（俗称吉凶祸福）决定于山形水势、道路林木以及房屋的方位、朝向、形状，甚至门窗大小、灶台或床的摆放位置等，至于易经八卦的天干地支二十八宿，更是将人的命运决定于出生之时。"风水"术抓住了国人普遍存在的"宁可信其有，不可信其无"的心态，大行其道，又借助其中某些符合自然规律的因素证明自身存在的合理性甚至科学性；而反对者又因为其缺乏足够的科学依据和客观规律，以自然科学的研究态度否定"风水"术。"风水"术的存在和流传并非"存在即是合理"，问题在于我们目前还无法以现有的理论和知识为科学依据来充分证明和解释"风水"术中的某些历史经验和规律现象，即使这些现象仅仅是某种巧合。"既不能证明，但也不能证伪，科学的方法论，既要能证明它是对的，也要能证明它是错的。"[1]沈福煦先生的论说也许代表了一种比较务实的观点：既然不能以自然科学的方法论对"风水"术形成统一的认识，那么，以人文学科的角度来审视"风水"术的存在，剥除迷信的外壳，认识其中存在的风俗习惯，也许更有助于对"风水"的理性认识。建筑学科（包括室内设计行业）本身所包含的人文艺术特性，也使得其与"风水"之间必然存在许多"玄妙"的、暂时还无法解答的关联。

"风水"术之所以能流传至今，还和国人在宗教信仰上不同于西方的传统观念有着很大的关联。国人对于后世的灵魂升华的愿望远没有对于现世福禄寿喜的期盼来得强烈，而且多将这种愿望寄期在前世的积善行德之上，所以对于祖先的崇拜远胜于对于神灵的崇拜。对于财神爷的供奉更是直接表达了对于财富追求的现世理想。基于这种期盼，在住居、办公以及经商场所等涉及个人或家族利益的空间设计和规划中，趋利避害是很自然的想法。尤其是住宅，相传在夏商之世，住宅就已经被列入正规的祀典。《礼记·曲礼下》："天子祭天地，祭四方，祭山川，祭五祀。"诸侯、大夫、士和庶民，在祭祀中也有"五祀"。所谓"五祀"，即门、户、井、灶和中。这种祭祀原本仅仅表达了古人将住宅视为人类抵抗风霜雨雪、狼虫虎豹，如衣食等基础生活资料一般的一种愿望，发展到今天，则与人的吉凶祸福相关联起来了。其实出发点都是一样的——追求人生（生活）的如意，因此，在正视生活困难和人生挫折的前提下，与其一味地批判"风水"，不如就当其为一种能够使人寻求自我安慰和平和心态的心理疗方，就如同爆竹除岁、洞房花烛一样，都是对美好生活的期盼。

---

① 沈福煦. 自然与人文，空间心态的神化.ID+C.1999，6：76.

4.10　对行业管理和建设的美好期待

4.10.1　行业管理归口之争

建筑室内装饰行业管理"归口"之争由来已久，源自 20 世纪 80 年代，不管是建设口的"建筑装饰"，还是轻工口"室内装饰"，概念上的表面差异下其实是部门间对于建筑室内装饰行业的管理范围和资质审批权限的争斗，根源又在于新中国成立以来到 20 世纪末我国诸多机构政企不分的管理体制。国务院在 1992 年对于原建设部《关于请明确建筑装饰行业由建设部归口管理的请示》和原轻工业部《关于室内装饰行业归口管理的报告》的批复意见（国办通 [1992]31 号）曾这样规定："建筑装饰业由建设部管理，建筑装饰止于外墙壁六面的处理，不再向室内空间装饰延伸。室内装饰行业侧重于室内装饰用品的成套供应、环境设计和空间处理（其中包括室内装修装饰工程的设计与施工）以及室内用品的陈设布置，仍由轻工业部管理，保留全国室内装修装饰行业领导小组和中国室内装饰协会及其办公室，发挥综合协调作用。有关装修装饰材料的生产、供应等方面的宏观管理，应同国家建材局密切合作。"如此缺乏可操作性的批复明显表达出了"手心手背都是肉"的矛盾心态，毕竟当时有许多装饰产品生产企业还归属于原轻工部（后为中国轻工总会）。1998 年开始的国务院机构改革按照"转变政府职能、实行政企分开"的要求对部委机构的设置进行了调整，受这次机构调整的影响，中国建筑装饰行业的多头管理问题，到 2000 年得到了突破性解决：与原来先中央后地方的解决思路相反，是先地方后中央——湖北、河南、江苏、山东、福建、河北、安徽、江西、上海等省市在省级机构的"三定"（定职能、定机构、定编制）中，均明确了当地的建设厅、委为建筑装饰行业的政府主管部门。随着 2001 年 2 月国务院关于正式撤销由原国家经贸委管理的包括国家轻工业局在内的 9 个国家局决定的出台，建筑室内装饰行业管理归口之争也随即偃旗息鼓。

在明确了行业管理的归口问题后，原建设部在装饰设计市场准入、甲级资质建筑装饰设计单位的审批、对国外开放市场等方面强化了管理。2000 年，原建设部颁发了装饰设计市场准入管理规定——《建设部关于加强勘察设计市场准入管理的补充通知》（建设 [2000]17 号），文中规定，持有经原建设部批准并颁发的装饰设计专项设计证书的单位只能承担建筑装饰设计证书规定范围内的业务，不得超越建筑装饰设计证书范围承接工程任务；持有建筑工程设计证书的单位，证书范围内包括相应的建筑装饰设计的，不需单独领取建筑装饰设计证书；从事建筑装饰设计业务必须持有相应级别的建筑工程设计证书或建筑装饰设计专项设计证书，不得以装饰施工证书代替装饰设计证书。同年 3 月 29 日，原建设部发布《关于国外独资工程设计咨询企业或机构申报专项工程设计资质有关问题的通知》（建设 [2000]67 号），允许国外独资工程设计咨询企业或机构在我国境内从事包括建筑装饰专项设计在内的工程设计。2001 年 1 月 9 日，原建设部印发《关于加强建筑装饰设计市场管理的意见》和《建筑装饰设计资质分级标准》，全面地对建筑装饰设计单位实行资质的设计市场准入或清出制度。

4.10.2　行业协会的利益纷争

由于世贸组织对 NGO（非政府组织）的行为并没有直接干预的权力，行业协会作为民间组织具有政府所不能的功能，行业协会可以在 WTO 规则之下对会员企业进行政府所不能的公开保护。这间接推动了在加入世贸组织后，我国各行业协会的发展。同时，随着政府的机构改革和职能转变，行业协会的作用日渐凸显出来，尤其是在实现行业自律、规范行业行为、开展行业服务、保障公平竞争等方面可以形成良性的社会自治机制。不过，由于中国的行业协会原先多半是由政府部门主办的，自上而下的政府机构改革尽管要求行业协会与原政府相关主管部门管理脱钩，但是由于需要承担政府职能转变过程中分离出来的部分职能，当今的行业协会依然具有较浓的半官方色彩。所以，政府主管部门归口之争尽管在表面上尘埃落定，但是背后难以平衡的部门利益之争直接转化为了各种行业协会的群雄纷起，各立山头，反倒没有起到在竞争中适当保护国内会员企业利益的作用。涉及的协会主要包括中国建筑学会室内设计分会、中国建筑装饰协会和中国室内装饰协会，而争夺的焦点主要为执业机构和人员的审批权以及项目评优的评审权。

中国室内装饰协会隶属于原轻工部，权利之争实属历史问题。在原建设部成了国家管理建筑装饰市场的主要部门的现实下，依旧先后出台了《全国室内装饰企业资质管理办法》和《室内设计师职称评定办法》等行业规范，对国内的室内装饰企业和室内设计师进行执业资质和资格的认证。中国建筑学会室内设计分会与中国建筑装饰协会（设计委员会）之争，实属"窝里斗"，两家机构每年都举办全国性的室内装饰设计大奖的评比活动，也都先后出台了针对设计师的执业资格评审办法或实施细则。这与政府主管部门对于设计、施工分离的合理性和必然性认识不足有着直接的关联。尽管室内设计行业对于设计施工一体化的弊端有着较为清醒的认识，国家七部委在 2003 年颁布的《工程建设项目施工招标投标办法》第 35 条中也规定："为招标项目的前期准备或者监理工作提供设计、咨询服务的任何法人及其任何附属机构（单位），都无资格参加该招标项目的投标。"但是从整个装饰装修行业来讲，依然有许多利益关联方对于以前的设计施工一体化市场机制十分留恋，加上确有许多装饰施工企业在无设计资质的状况下还在从事着室内装饰设计的业务。受到诸多因素的推动，在没有废除原《建筑装饰设计资质分级标准》的前提下，原建设部又于 2006 年 9 月仓促出台了《建筑装饰装修工程设计与施工资质标准》，允许取得资质的企业从事建筑装饰装修咨询、设计、施工和设计与施工一体化工程，不仅让已经取得设计或施工资质的企业陷于无所适从之中，对于建筑装饰市场的管理，反而起到了负面作用。

除了上述几个主要机构，勘察设计协会、国际室内设计师 / 室内建筑师联盟（International Federation of Interior Architects/Designers，简称 IFI）、亚洲室内设计联合会（Asia Interior Design Institute Association，简称 AIDIA）等行业协会或学术团体也都竞相举办各种形式的评比或出版活动，业内的学术交流氛围倒是空前活跃，各种年鉴、作品集充斥了图书市场，当然版面费也是不菲。多个婆婆存在的现实使得从设计单位到设计师个人既不敢得罪又难以适从，只好面面俱到，重在参与。一家企业或个人成为多家协会会员的现象绝不在少数。会员费、评审费花了不少，但是执业资格的权威性和获奖项目的含金量却大打折扣了。

4.10.3　室内设计师执业资格权威认证体制的缺失

我国现有四五十万装饰设计人员，90% 以上在非国有经济的装饰企业从业，受制于管理体制的原因，这些人员基本无法从正常渠道取得专业技术职称，也就无法获得相对权威的执业技能认可。尽管国家劳动部门按照国家职业技能鉴定模式出台了室内装饰设计员（师）职业资格证书的考评办法，但是作为国家在本行业个人执业资格认证权威部门的住房和城乡建设部和人事部，其行政上的不作为或者是政策的缺失，是造成目前室内设计师个人执业资格认证混乱的主要原因。

管理上的缺位也就为各种社会机构进行各自的执业资格认证提供了机会，中国室内装饰协会有《室内设计师职称评定办法》，中国建筑学会室内设计分会有《全国室内建筑师资格评审暂行办法和实施细则》，中国建筑装饰协会则出台了《全国室内建筑师技术岗位能力考核认证办法》。这些办法对于室内设计师的执业能力认证多数都是参照人事部专业技术职称评定的办法，大都分为高、中、低三级，有的还多一级——资深高级室内设计师（类似正高职称）；评审的主要依据和标准是学历、已有职称、从业年限、业绩、学术成果等，只要递交相关材料和评审费用，通过的概率极高。尽管这些办法中也制定了相关的职业培训、考核、认定、奖惩和监督制度，但是实际上流于形式。

室内设计师是一个承担重要的社会责任，需要较高职业道德和职业素养的具备个人职业特征并带有一定风险的职业。尽管目前国际上对"室内设计师"尚未实行严格的注册制度，而多采取"会员制度"，政府承认或授权，由相关行业社团建立一整套认定管理制度，但是，针对目前国内行业协会多头管理的现状以及室内设计师队伍组成人员的复杂性，迫切需要实行严格的执业资格考试注册制度。既然国家建筑行业中已经先后成功实施了注册建筑师、注册结构师、注册设备工程师、注册建造师、注册造价师等专业的执业资格考试注册制度，那么，作为目前建筑行业中一个极其重要的组成部分，尽快开展注册室内设计师的执业资格考试和认证，不仅可以提高室内设计师的社会认可度和建立技术上的个人权威性，也有助于整个室内设计行业走向更加美好的未来。

4.11 2008年北京奥运会的影响

从 2001 年 7 月 13 日那个举国欢腾的夜晚开始,"奥运改变中国"成为我们真实的期待。不能简单地将新世纪以来的超速发展直接归因于奥运概念,但奥运会的举办确实如催化剂一般大大压缩了中国现代化发展的时间表,促使中国更快地走向世界前列。一些国家级重点工程在奥运会前相继竣工并投入使用。

例 53 国家大剧院 (图 4-95 ~ 图 4-97)

2007 年 9 月 25 日,当徐徐拉开大幕的国家大剧院的璀璨的光芒与城市的灯光、天空的星光交织在一起时,每一个观众都深刻领会到了"剧院中的城市,

图 4-95 国家大剧院入口大厅
图片来源:ID+C.2007,10:20.

图 4-96　国家大剧院音乐厅
图片来源：ID+C.2007，10：24.

图 4-97　国家大剧院室内金属网及地面石材拼花细部

城市中的剧院"设计理念的含义。从曲折的建设过程和目前比较完美的结果来看，国家大剧院的设计不仅是狭隘的设计手法和中西文化思想的对抗，更代表了高层对社会主流思想开放和变革的迫切心态，就如当初香山饭店的建设在面向现代化的同时，也曾着力立足于本土文化精神的回归。国家大剧院方案的酝酿和确定，既有上海大剧院建设成功的借鉴因素，也是扭转"夺回古都风貌"政策导向的思想表现，更展示出了国家以现代化实现民族复兴的远大抱负。

　　客观评价已经建成的国家大剧院也许还需要等到下一个十年，但是，境外设计师在设计中突破国内重大项目一贯的对外观形态象征性进行追根溯源的方法论的束缚，是对国内设计师的最大启迪。"建筑创作应不断推陈出新，创作不是去追本求源，而是永远探索未知领域。在一个全新的时代，用现代科学技术去重复旧有的建筑模式是没有意义的，这种行为只会阻碍发展，而我们渴望保护的文化也会因此失去生命力。"[1]新的形式和新的技术可能产生新的问题，设计师的责任不是回避问题，而是面对问题，解决问题：国家大剧院146m×212m的椭圆体屋盖采用了不设斜腹杆的双层网壳结构，对于椭圆球体造成的内表面材料分割问题，巧妙地采用了不规则的、类似中国传统冰裂纹图案的拼接方式化解，消防疏散问题通过壳体周边宽8m的开敞长廊解决，几乎囊括了所有种类的消防系统更是堪称全国范围内的一本消防教科书，水体结冰和藻类繁殖问题采用"中央液态热源环境系统调温成套技术"解决……

　　相对于大剧院建筑外观的对立于中国传统文化的表现，在大剧院的内部设计中，保罗·安德鲁还是做出了一定的妥协，或者说设计者还是希望在这个需要体现文化属性的场所内表现出中西文化的融合，比如内部空间多处设置了具有某种象征意义的铜门，戏剧场墙面的丝绸饰面，还有金属网编织的"竹帘"。公共大厅的地面由13种产自国内各地的石材铺就而成，共划分为24块不同的区域，名曰"锦绣大地"，寓意中华民族的锦绣河山。针对中国人对红色的偏爱，设计合作者阿兰·博尼用超过20种不同的红色建构出了一个绚丽的世界。

　　文化的融合并没有降低对新技术的苛刻要求——歌剧院在墙面上安装了弧形的金属网，声音可以透过去，而金属网后面的墙是多边形的，内部还有辅助灯光，这样就形成了视觉的弧形和听觉空间的多边形，做到了建筑声学和剧场美学的完美结合。还设置了全国惟一的可倾斜的芭蕾舞台板，戏剧场的鼓筒式转台在世界上是唯一的，可以达到边升降边旋转的舞台效果，而独特的伸出式台唇设计非常符合中国传统戏剧表演的特点。音乐厅的顶棚被打造成一件精美的抽象艺术品，形状不规则的白色浮雕像一片起伏的沙丘，又似海浪冲刷的海滩，有利于声音的扩散。当然，要认为如此大规模的建筑不存在瑕疵就过于理想了，比如后台通道过于复杂，容易迷路，不得已而采用色彩区分，红色到歌剧院，绿色到音乐厅，倒也不失为一种巧妙的补救方式。但是，在各个观众厅的座席区域缺少地面灯光导视标志的设置，是无法进行应急性的改进的。

---

① Andreu接受张青萍女士访谈时的讲话节选，详见：张青萍.20世纪中国室内设计发展研究：91.

例 54　北京机场 3 号航站楼（T3）（图 4-98 ～图 4-102）

设计人：福斯特＋北京市建筑设计研究院

建成时间：2008 年 2 月

建筑面积：980000m²

近百万平方米的规模创造了全球一次建成单体航站楼建筑的纪录，而双"Y"形的平面规划所带来的清晰的导向性能使旅客很容易获得方向感，同时屋顶的曲面变化趋向性也强化了这种方向感，相对于北京机场的 T2、上海浦东机场、广州白云机场等几个已经建成的枢纽机场，T3 在室内空间方向性上简单明了的优势，有效减少了旅客对于标识导向系统的依赖，堪比香港新机场和巴黎戴高乐机场 2F 航站楼。室内过多标识导向有时只会混淆旅客的判断力，标识导向系统的完整性是无法代替交通类建筑空间导向性的主导作用的。

覆盖了整个航站楼的主屋面系统成了确定室内主色调的主要因素，设计者选用了最具中国特色的红色，并且形成了从橘红到中国红七种红色的渐变。包括值机柜台和部分家具也采用了相同的色彩，而室内的其他部分则以灰、白为主，如白色柱体、白色烤漆玻璃内幕墙、灰色地面等，并考虑了局部的差异性，如候机区的座椅面料色彩就按区域分色，丰富的色彩在差异中还保留了一定的识别性。

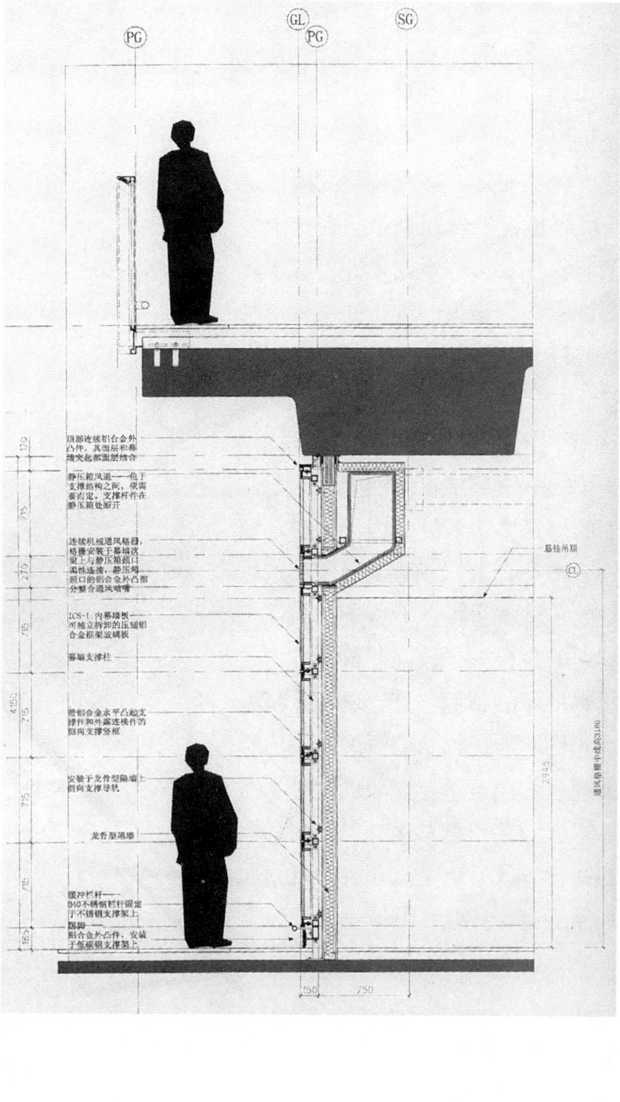

为了体现地域文化的差异性，在 T3 的三个组成部分（T3A、T3B、T3C）的主要空间视觉中心位置上都设置了代表中国传统文化的装饰小品，如值机办理大厅中央的仿浑天仪形状的"紫薇辰恒"青铜圆雕，行李提取大厅外的汉白玉九龙壁和"门海吉祥"镂空铜缸，国际候机厅的"玉泉垂虹"大水法等。在许多服务设施的设置和设计中，更体现出了建设者从人性化角度出发的设计理念，比如在安检口以外区域的五层设置了大量的可提供不同档次餐饮商业服务的区域，重要标识采用中、英、日、韩四种文字，尊重中外乘客不同如厕习惯的卫生间设计和从女性的角度考虑男女厕位数量的比例，吊顶金属挂片的方向与空间方向的一致性对于建筑方向属性的强化，专

图 4-98　T3 航站楼典型内墙装饰剖面
图片来源：建筑创作 .2008，2 : 96.

图 4-99 卫生间入口（远端为直饮水嘴）

图 4-100 "紫薇辰恒"青铜圆雕

图 4-101　国际候机厅"玉泉垂虹"大水法

图 4-102　国内机场首次采用的捷运系统

门的无障碍咨询柜台和方便残疾人使用的电话、低位饮水机等。

如果说上海浦东机场以华丽的姿态展现于世，那么北京机场的 T2 航站楼则表现出了朴实的风格，而从 T3 的设计中，则可解读出境外设计师对于高技术适宜性的理性认识和本土设计师在高大难项目中从技术控制到心态调节上的不断自信和成熟。

例 55　水立方（国家游泳中心，图 4-103）

建筑设计：中建国际设计顾问有限公司 + 澳大利亚 PTW 事务所 +ARUP 澳大利亚有限公司

作为北京 2008 年奥运会游泳、跳水和水球比赛的场馆，设有 6000 个永久座席和 11000 个临时座席，其最引人之处为以水泡的形态作为塑造建筑形象的惟一语言。所有水泡以立体钢结构为骨架，采用 ETFE 薄膜（乙烯 - 四氟乙烯共聚物）做成的充气气枕（内部气压 100Pa），透光度可达 95%[1]，加上双层的 ETFE 薄膜良好的保温隔热性能，据称可以使场馆节电 30%。[2] 不过，为了弥补 ETFE 薄膜造成的室内声学缺陷，在观众席的上部采用了特制的钛科丝片（Techstyle）[3] 吸声顶棚。馆内以泳池的蓝色为主调，座席采用蓝、白两种颜色呈马赛克状渐变排列，仿佛波光粼粼的水面，完美地与泳池连为一体。水立方内部设施采用了诸多环保节水技术，如将洗浴用水处理为中水后作为绿化和厕卫冲洗用水，采用泳池换水自控技术以控制补水量等。

图 4-103　国家游泳馆（水立方）室内
图片来源：中国建筑装饰装修 .2008，4：134.

4.12　当代中国室内设计与旧建筑改造

4.12.1　城市旧建筑改造逐渐成为当代室内设计的重要领域

建筑是集艺术和技术（科学）于一身的人类创造，而就旧建筑而言，它又

---

① 赵西安 . 透光屋面设计 . 中国建筑装饰装修 .2007，6：182.

② 中国建筑装饰装修 .2008，4：137.

③ 表面为无纺布，中间为环保型粗径玻纤棉片，NRC 系数测定值达 0.85。

集历史、艺术和科学价值于一身。旧建筑通常包括文物建筑、历史建筑以及普通建筑，其改造方式和手段往往也不尽相同。对所有旧建筑进行全方位的、面面俱到的保护难免顾此失彼，在充分认识和评判其三大价值的基础上，区别对待，抓大放小，是对旧建筑的改造利用和保护的积极方式。

随着可持续发展的理论体系不断地拓展和完善，在旧城改造中，以渐进的、合理的更新、改建过程替代大拆大建的方式，是促进资源可持续利用的理性选择。在中国当代室内设计的发展历程中，有过许多优秀的旧建筑改造的成功案例：1990 年改造的中国儿童剧场，其前身为中国第一代建筑师沈理源设计的优秀近代建筑"北京真光电影院"，改造中完全保留了原仿巴洛克风格的立面；1991 年建成的中国美术学院国际画廊是在一座建于 20 世纪 30 年代的砖木结构的会堂基础上改建而成的；1999 年的高阳塔楼项目获得了 2000 年新西兰羊毛局室内设计大奖赛优秀奖；宁波美术馆则是将 1979 年建成的由上海工业建筑设计院设计的宁波市客运码头改造为了一座艺术的殿堂；2007 年由同济大学袁烽主持完成的在中国现代建筑史中具有重要影响的同济大学礼堂的改建（图 4-104、图 4-105）则充分体现出在旧建筑改造的过程中，历史和创新博弈的最终目标是双赢。改建中，通过碳纤维布加固的方式，保留了跨度 54m 的混凝土网架薄壳屋面，同时也保留并翻新了原来木丝板的吸声构造方式。通过增加礼堂地面的升起坡度、增加耳光室等措施，改善室内的视觉条件，还因地

图 4-104 同济大学礼堂改建后的入口门厅
图片来源：时代建筑 .2007，3：104.

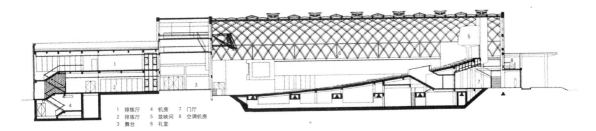

图 4-105　同济大学礼堂改建纵向剖面
图片来源：时代建筑.2007，3：103.

1 排练厅　4 机房　7 门厅
2 排练厅　5 放映间　8 空调机房
3 舞台　6 礼堂

制宜地运用了地源新风技术，可节约 20% 的空调能耗。

　　但要论述当代中国城市旧建筑改造的发展过程，就必然要提及 2001 年完成改造的上海新天地项目。这个项目位于上海卢湾区太平桥地块，由美国 W+Z 建筑设计公司主创设计。由于位于上海市政府确定的历史风貌保护区内，原建筑多为有七八十年历史的典型的上海石库门式里弄住宅，其中包括中共"一大"会址。改造设计基本保留了原有的里弄格局，通过拆除一些无利用价值的建筑和私自搭建的房屋，在高密度的区域内掏出一些空地作为户外公共空间或新建了部分现代建筑。对几乎所有的有特点、有价值的老建筑进行翻新改造，有些甚至只保留了一张外皮，内部进行结构重建，以达到现代的使用要求。"曾经是悒悒歌声的深巷……发展成为现代化的国际性商业、餐饮、茶室、艺术画廊的新兴区域。"[①]当初参与项目前期策划的同济大学莫天伟教授在介绍此项目时说："其运作不仅仅是着眼于简单的开发，而更重要的是一种对城市室内外环境空间潜力的挖掘……新天地的可贵之处在于商业开发目的中透出的眼光，保护和再生了上海的城市生活形态。"[②]

　　由于区内的原住居民被全部外迁，巨大的旅游开发和商业经营价值是通过改变原有的居住功能换来的，所以有些人认为："这里的石库门已经被抽去了筋骨，所剩下的只是一张皮而已……今日的新天地，却从诞生的第一天起便脱离了大众。"[③]但是比较申城旧区内那一片片已经消失和正在消失的石库门建筑群，开发商——香港瑞安集团在获取利益的同时，毕竟为这座城市保留下了一片反映上海近代里弄住居环境和人文特点的天地。新天地的建设意义并不在于保护，而是在于旧城的更新和改造。作为一种旧建筑改造循环利用的模式，最初提出的"昨天、明天相会于今天"的设计理念，使得新天地的改造很值得借鉴。城市的生活乐章中不仅有锅碗瓢盆，也应该有灯红酒绿，包容性是海派文化得以发展的最重要的一个因素。当然，如果在获得商业开发价值的同时，能够兼顾石库门建筑原有的居住功能就更好了，毕竟从工程技术角度而言不存在太大的困难。同济大学的伍江教授在一次关于新天地的青年设计师沙龙上也表示新天地的建设"太多地忽略了里弄建筑所隐含的生活方式"。[④]出于旧城改

① 宋照清.昨天，明天，相会于今天——简谈上海旧城改建项目"新天地"设计.建筑学报.2001，8：32.

② 莫天伟.生活形态的更新.ID+C.2001，1：77.

③ 陈光.新天地的背后.ID+C.2005，2：102.

④ ID+C.2001，11：75.

造和城市生活方式更新的迫切需求,这种生活方式并非一定为原住居民所保留,更何况新天地每平方米逾1万元的改造费用①也是非当时工薪阶层所能承受的。它是在要求保留原有居住功能的前提下,通过类似拍卖产权或使用权的方式让有兴趣,更有经济实力的人入住,同时,政府则完全可以通过置换回来的资金弥补原住居民外迁的安置成本。前提的预设和权利获取的方式不仅兼顾了社会公平,更能在城市功能的置换中保留历史的多样性。

新观念必然带来新的活力,建成后的新天地使区内面貌焕然一新,中心城区的区位优势以及砖缝里都能流露出来的旧上海风情,令众多商家和宾客对新天地趋之若鹜,不仅一时成了上海滩白领小资流连忘返之所,也成了中外游客领略旧上海里弄文化的必到之处。"它组织了迄今为止最好的一次文化消费。一杯咖啡的价格由于老房子的历史背景和文化价值升高了三倍以上,但大家都兴冲冲地掏钱了……"②不仅各种时尚餐厅、会所、酒吧或画廊纷纷云集此地,来自天南地北的设计名家也大都把在新天地的设计视为极大的挑战而勇于尝试,以各种方式表达着对于现代和传统的理解。

由新天地的策划者之一——美国建筑师 Benjamin Wood 设计的法式"乐美颂"(La Maison)会所酒吧,因原有结构倾斜严重,拆除二层以上部分后重建,外部风格保留了一连九个东向石库门,室内空间则弥漫了美国式的神奇和法国式的浪漫,其南侧立面的粤式阳台由于在局地的惟一性而得以原样保留。"TMSK"透明思考餐厅(图4-106)则是台湾琉璃艺术家张毅、杨惠姗继琉璃工房博物馆后的又一力作,不过,在这一项目中琉璃不再是被观赏的角色,而是更大胆地作为一种装饰材料被广泛地附着于家具、隔断甚至内表面的各个部位。位于338号的由季裕棠先生设计的"夜上海"餐厅(图4-107),其中的某些设计灵感则来自于三四十年代旧上海上流社会的影像;坐落于上海新天地二期的彩蝶轩是香港设计师傅厚民在中国内地所做的第一个室内设计作品,整个彩蝶轩的色调以黑色为主,走进室内,圆形的顶灯、没有棱角的椅子及方形的桌子,在暗黄色的色调下,令人感到一种空间上线条的明快,设计师将餐厅与厨房的隔墙处理成"茧"的形状,增加了室内墙面所造成的变化感和丰富性。傅厚民认为:"茧成为蝴蝶之前,发生了很多变化,就像美食在厨房里所经历的一样。"由于设计师执有英国建筑师执业资格,甚至有业内人士认为,彩蝶轩的风格体现了英伦的设计风格。其他还有日本设计师间宫吉彦(Yoshihiko Mamita)设计的 ARK 音乐餐厅(专门演出各种最新的原创音乐),塔里星上海设计中心设计的"上海本色"纪念品专卖店等。

对于历史文化片段的拾遗未必能够弥补历史断层所造成的失落感,但是却可以满足时空分离(Time-space distanciation)的空间想象功能。就如同现在家中摆上两把太师椅的行为,更多地是一种文化消费的时尚。但新天地的成功

---

① 罗小未.上海新天地——旧区改造的建筑历史、人文历史与开发模式的研究:74.
② 高蓓.商女、后庭花和餐饮建筑.ID+C.2003,7:26.

图 4-106 "TMSK 透明思考"餐厅水吧后墙九鱼纹玻璃砖镶嵌的生命树装饰纹样

图片来源：ID+C.2002，2：37.

不仅是对城市空间再生模式的有益探索，其商业运作的成功也激发了更多的人在上海滩旧城区内发掘更多怀旧和时尚并存的洼地，外滩无疑是最佳场所。20世纪二三十年代十里洋场的繁华不仅依然是多数人心目中"上海风情"的代表，更成了小资们心灵深处引领时尚的标签。我们似乎已经忘记了当时租界"华人与狗不得入内"的屈辱，而只记得如从留声机中流淌出的音乐一般的古老的"百乐门"夜总会的杜松子酒或是"仙乐斯"舞厅的狐步舞！当然，还有 2000 年热映的王家卫的电影——《花样年华》的推波助澜，娱乐和时尚不知何时已经成了室内设计的一部分。或者说，通过室内设计的场景再现，在现实中满足了人们心理上的某种暗示。这种时间和场所的暗示，在有些项目中甚至可以追溯到一百多年前紫禁城内的帝王生活（如 2006 年 6 月建成的上海厉家菜餐

图 4-107　新天地 "夜上海" 餐厅包厢一角
图片来源：ID+C. 2002，8：71.

厅、北京的天地一家等），真的可以简单地将这类现象都理解为对文化的消费行为吗？

1994 年上海市政府希望外滩金融街能与浦东陆家嘴金融中心共同构筑上海国际金融中心的愿望，由于外滩地区发展空间的限制性，并没有真正全面实现。市场的选择不仅证明了某些时候政府的决策只能是一厢情愿，也为新世纪外滩逐渐成为引领时尚的先锋创造了又一次契机（表 4-5）。当新天地已经从小资们的首选转变为外地人（包括外国人）上海游的必到之处时，灯火阑珊的外滩再次在消费中让财富阶层享受到了精神上的更大的充实和愉悦。

例 56　上海外滩 3 号

原名 Union Building，建于 1916 年，为钢框架结构，巴洛克风格建筑，改造前为上海市民用建筑设计院办公用房。新加坡佳通集团和格雷夫斯牵手，着手将外滩 3 号楼打造成 "CEO" 级别的文化艺术餐饮中心。由美国设计大师格雷夫斯主持了内部的改造设计，于 2004 年 4 月完工。在大楼内部，从三层的沪申画廊一直向上穿透四、五、六、七层挖出一个梯形体的垂直空间（图 4-108），一根根褐色的浑圆的 "擎天柱" 直撑楼顶，仿佛希腊神话中的圣殿；摆放在中庭中被青色大理石圈起来的是艺术家最大的雕塑作品 "不锈钢假山石"，它在这超然的空间里越发地诡异和疯狂。一层为 "阿玛尼" 中国旗舰店，四至七楼分别为 Jean Georges 法国餐厅，黄浦会上海餐厅，陆唯轩个性餐厅，新视角餐厅酒廊，三度音乐沙龙，顶层为望江阁，上下两层只有 10 个餐位！其中，三层的依云 SPA 和四层的黄浦会的室内由香港著名设计师陈幼坚设计。

例 57 上海外滩 6 号

1897 年民族资本家盛宣怀在这里盖起了中国第一家银行——中国通商银行,1907 年拆除重建,由玛礼逊洋行(Morrison & Gratton Design Office)设计营建。改造后,一楼为意大利 D&G 旗舰店,由 Ferruccio Laviani 设计,黑色水晶玻璃成为 D&G 服饰的;二楼为 Sun with Aqua Japanese Dining&Bar,由和食餐厅和水族吧两个部分组成,设计师为山际纯平;三楼的"天地一家"中餐厅,由来自意大利佛罗伦萨的设计师 Mauro Lipparini 设计,为了与二三十年代外滩十里洋场所特有的时代气息相一致,设计中强调了当时较为流行的 Art Deco 风格,而特别为此店设计的"天地一家"Logo 演绎出的平面造型出现在壁画、顶棚、地面、隔断、门把手、盘子、筷子架、菜单甚至是牙签盒上,图案的母题和变形出现许多意外之处,相互呼应成趣。

图 4-108 外滩 3 号高耸的内庭(拍摄:张洋)

例 58 上海外滩 18 号

外滩 18 号始建于 1893 年,后于 1923 年重建,曾为渣打银行中国总部,于 2002 年底开始再次改造,设计由意大利设计师 Filippo Gabbiani 为首的 7 位外国设计师负责,两年后重新对外开放。

设计师并没有单纯地采取"修旧如旧"的模式,而是将现代设计元素与原来的建筑风格自然融合,让来到这里的每一个人觉得新旧分明却又浑然一体,既能找到大楼的历史记忆又不妨碍其发挥新功能,如夹层两侧新建的楼梯与墙面之间的连接有意留有缝隙,在门厅中,由于地面沉降产生近 20cm 的高差,设计中利用视觉误差,采用上万块仿锦砖的大理石拼接,既能合理调整坡度,又同旁边楼梯口原有的地坪风格吻合……(图 4-109)

一至三层为商业空间,汇集了几家世界级

图 4-109 外滩 18 号门厅
图片来源:INTERIOR DESIGN.2007, 11.

高档品牌服装、配饰及珠宝的专门店。四楼的外滩 18 号创意中心为跨领域的多功能使用空间，4.5m 高的顶棚和 800m² 的展示空间，使之成了楼内充满魅力的展览和派对空间。

五至七楼为餐饮空间——五楼为"滩外楼"中餐厅，餐厅的大堂、包房和清酒吧都采用了具有中国东方情调的设计，在色调和装饰元素上，在古典中融入了现代风格。其上为法国米其林三星级主厨在中国开的第一家餐厅"Sens & Bund"，采用了简洁流畅的设计。七楼还利用屋顶平台设有"Bar Rouge"酒吧，将浦江两岸丽景尽收眼底。

上海外滩 18 号项目成功地结合了国际技术专家及中国当地的专业人员和工匠，融合了最前沿的修复技术及中国建筑的传统，将一座建成近 90 年的旧建筑改造为高端的时尚中心，在重新诠释上海现代风貌的同时，也证明了历史保护建筑可以在技术层面上实现与商业利益的共存。该项目于 2006 年获联合国教科文组织的亚太文化遗产保护大奖。

4.12.2　产业建筑改造的探索和反思

近两年在一些经济较为发达的城市中出现的工业建筑改造模式——"LOFT"，应该说在一定意义上为城市旧建筑的改造性利用提供了较为成功的范本，如杭州的杭印路 49 号、上海建国中路"8 号桥"、北京的 798 艺术工场等，但是，由于这些旧厂房改造项目的形成机制或建设模式存在着较大的区别，对于城市产业建筑改造性利用这一课题而言，就意味在认识论和方法论上的差异性。

例 59　上海建国中路"8 号桥"（图 4-110）

8 号桥位于建国中路 8 ~ 10 号，是上海汽车制动器公司的闲置厂房，由"时尚生活中心有限公司"总裁黄瀚泓创建——20 世纪 90 年代初期，黄瀚泓离开

图 4-110　八号桥内景（局部）

图片来源：www.bridge8.com

香港来内地发展，先后参与开发了瑞安广场、上海新天地等项目。如今，8号桥已成为上海创意产业基地的成功典范。据了解，8号桥的租赁期限为20年。一期由7幢建筑组成，占地面积7000m²，建筑面积12000m²，改造始于2004年3月，由日本设计师万谷建志、广川成一设计，是跨入新世纪以来上海厂房改造较为成功的项目之一。在改造过程中，最大程度地保留了所有厂房的轮廓，但建筑立面和内部装修发生了很大的改变，设计师使用了大量的玻璃门窗，以保证室内良好的采光，同时对旧厂房的渗水、抗热以及防火安全系统进行了改造，新建筑内部功能齐全，设有办公室、陈列室，也包括会议、推广、信息发布、教育、培训等设施。"8号桥"的模式既有苏州河边旧仓库利用的朴实，又有新天地旧城改造中的时尚，在改造建筑的同时，更是对区域环境的整合和再造。

例60 北京798（图4-111）

原为七星华电集团名下的798、718等几个工厂的厂区，面积约22万m²是20世纪50年代前民主德国援建的，世界上22个大厂提供了技术支持，由55位德国专家采用当时世界最先进的建筑工艺和设计理念设计建造。这种建筑风格的厂房目前仅在中、德、美等国家有极少量存留，是世界上仅存不多的，带有包豪斯建筑理念的厂房建筑群，堪称工业发展史上的文物。其再度兴起源于美国人罗伯特[①]在京城艺术圈内的推荐，由开始少数人的趋之若鹜很快演变成了群体的大众行为，目前聚居了大量的画廊、工作室、文化中心等艺术机构。

图4-111 北京798工厂弘泰武仕文化艺术有限公司室内一角
图片来源：ID+C.2003，5.

① 罗伯特（Robert Bernell）：美国人，"中国艺术网站/www.chinese-art.com"和"Timezone8"书店的创办人。

图 4-112　LOFT49 美国 DI
设计库中国公司内景

艺术家们在机械的废弃物中寻找新旧美学观念上的融合，厂房、烟囱、标语和各种现代艺术形式混杂在一起，构成了强烈的视觉和文化的冲突。由于改造利用多是艺术家们各自的松散行为，并没有一体化的整体策划，对于这片地区今后的发展和规划，艺术家们和七星集团之间存在着直接的利害冲突，并引起了官方对该区域发展规划的高度重视。

例 61　杭州 LOFT49（图 4-112）

杭州的 LOFT49 创意产业园位于杭州拱墅区杭印路 49 号，距离古运河仅 500m，原为杭州蓝孔雀纤维股份有限公司腈纶厂（其前身为创建于 1958 年的杭州化纤厂），美国 DI 设计库中国公司负责人杜雨波在 2003 年成为首位入驻者。经过短短几年的发展，近万平方米的旧厂房里已经汇聚了 19 家企业，从业人员 330 余人，涉及工业设计、网站制作和开发、室内设计、摄影和绘画等多个创意领域。日前，杭州市有关部门把筹建 LOFT 列为运河整治工作的一项亮点工程，并提出了"规划引导，政府培育，市场化运作"。这是指政府部门将调整原有的地区改造规划，保留部分有价值的旧厂房，然后由各企业自行对保留的旧厂房采取保护措施，自行联系并出租给创意公司，或者由政府建设单位对企业拆迁补偿后，统一整修厂房，对外吸引创意公司来此入驻。

除了上述几个项目外，上海田子坊、上海莫干山路创意园区、无锡北仓门蚕丝仓库、南京白下区的创意东八区等也属较有影响力的项目。

4.12.3　旧建筑的改造再利用需要多样化

不能简单地把 LOFT 的兴起和表面的繁荣认同为找到了旧建筑改造，特别是产业建筑改造性再利用的理想模式。尽管 LOFT 与其他旧建筑改造一样，使历史建筑（非文保建筑）重新焕发了生机，但其成因多少与厂区衰败、租金低廉的现实状态有密切的联系，而且由于多被冠以艺术创意产业区的名义，似乎 LOFT 更容易被狭义地理解成是前卫艺术推广和精英思想自我陶醉的商业化标签，并非是更具普遍意义的旧建筑的"再生"。认为旧建筑改造再利用与创意产业间存在某种必然的联系其实是一种表面化的误判。如无有力的资金或措施支持，目前的状态只是一种被动的权宜之策。如北京的 798 工厂，当面临外部高附加值的利益取向时，要让产权单位发自内心地以保护产业遗存、保护艺术家的创意家园为己任，恐怕是一厢情愿。中国当代的旧建筑改造再利用，如果抛开工业建筑改造为艺术创意产业区的实践，类似外研社（二期）印刷厂改造的优秀项目屈指可数（况且该项目的业主没有变更），对于其他如矿业、港口以及轨道交通等方面的产业建筑改造项目涉及的就更少了（上海铁路北站博物馆）。在艺术创意后加上"产业"二字，就如同当初将教育也作为一项产业一样，表现出了管理者在市场商业环境下的趋利心态，不仅不利于全面调控和引导城市旧建筑改造再利用的发展模式，也不利于创造符合艺术创意自由发展规律的外部环境。

针对几类不同产业建筑改造的简单分析和改造设想　　　　表 4-3

类型	有利条件	不利因素	适宜改造功能
单层单跨厂房	结构单一，采光条件好，内部空间高大、灵活	平面形式单一	办公，住居，商场，展示，学校
单层单跨仓库	结构单一，内部空间高大、灵活	采光条件较差，平面形式单一	办公，住居，商场，展示
单层多跨仓库或厂房	面积大，内部空间高大、灵活	采光和通风条件较差，结构复杂	办公，商场，展示，休闲健身
多层厂房	内部空间灵活，采光和通风较好，结构条件较好	建筑单体面积较大，层高一般	办公，住居，宾馆酒店
多层仓库	内部空间灵活，结构条件好	采光和通风条件较差，垂直交通不足	办公，商场

不管是从建筑设计的角度，还是从室内设计的角度分析，把产业建筑改造成经济型酒店、超市、学校或者廉租房、单身公寓等都不存在技术上的障碍？表 4-3 是针对几类不同产业建筑改造的简单分析和改造设想，尽管没有包括所有的产业建筑类型，但基本依据产业建筑的建筑特点来把握功能改造的适宜性原则：

和谐社会的城市不能仅仅只有高档社区和时尚产业，也不能一味地追求经济效益而不求社会效益。假如在拆除危旧建筑的同时，保留旧厂区内原有的食堂、礼堂（电影院）等生活配套建筑，而将厂房在不破坏主体结构的前提下改造成廉租房、小型公寓或经济型旅馆，提供给城市的中低收入者或外来务工人员使用，尽管不能详细计算改造成本的高低，但起码不必新建一般的生活配套设施，与在城市郊区大片建设经济适用房的模式相比，更方便了城市的普通劳动者，更能体现社会公平的原则。引导社会公平，控制贫富差距是社会和政府都需要为之努力的职责，这种模式需要政府的积极投入，特别是在产权转移方面提供相适应的法规和政策。

例 62　西安建筑科技大学华清校区

2002 年西安建筑科技大学斥资 2.3 亿元成功竞购破产的原陕西钢厂的近千亩土地和所有厂房，将其中的四百余亩厂区改造成为目前的华清校区。其中，除学生宿舍和部分食堂外，包括教学楼、图书馆、行政楼等四万余平方米的建筑均由原厂房改建而成。设计者为樊淳飞、杨晓梅、许东明、黄涛等，整个校区的外部环境和内部设计在保留了许多工业建筑的象征性构筑物的同时，最大限度地满足了学校的教学要求和其他功能（图 4-113），不仅节约了建设成本，还吸纳了部分原陕西钢厂的下岗职工再就业。西安建大的建设模式既有别于LOFT 的产业建筑改造模式，也有别于各地兴建大学城的建设模式。

图 4-113　学生食堂内遗留下的工业建筑典型的柱间支撑

例 63　Z58

坐落于上海番禺路 58 号的 Z58 是中泰照明用于产品展示、办公以及客户接待的复合型建筑，由日本著名设计师隈研吾担纲。许多旧建筑本身往往并没有多少鲜明的特点，但对历史的记忆有时就存在于平常之中。设计师通过基本保留该建筑的原有结构框架，以期让当下的存在与历史的记忆产生某种关联。沿街的三跨被拆通，形成一个高耸的接待大厅（图 4-114），加设电梯和水景，并设计了玻璃水幕墙、立面绿化（带有自灌系统）等具有动态和生命象征的元素。顶层为钢结构加建，全玻璃围合，并设有电动百叶，通过倾泻的自然光表达出关于各种"光的现象"的主题。

产业类建筑的改造是城市化进程中城市中心扩大和中心区域功能变革的产物，不过，除了产业类建筑，其他类型的建筑同样存在改造再利用的需求，前

文中提到的外滩建筑以及经济型酒店就大
都从办公类建筑改造而来。甚至某些民用
建筑都可以通过适当的改造而成为宗教场
所，如 2006 年竣工的哈尔滨伯特利教堂就
是由一座 20 世纪 80 年代的俱乐部改造而
成的，室内用黄花松木表现出的笔挺的竖
向线条有一种哥特式教堂的高耸感。

　　中国已经经历了近 30 年的高速发展，
不可能永远依靠大力投入基础建设的模式
来发展，旧建筑的改造将成为今后相当长
一段时间内室内设计的主要对象。这种改
造，并非是单一的新陈代谢，而往往是一
种脱胎换骨式的内部功能转换，这种功能
转换又与城市功能变革的需求存在着直接
的因果关联。室内设计行业需要在理论和
技术上做好充分的准备。

4.12.4　合理评判"建筑异用性"，充分利用旧建筑的空间可塑性

　　"建筑异用性"是建筑使用周期相对
长期性的必然结果。建筑产权的更替和建

图 4-114　Z58 接待前厅

筑使用功能的变化均能完全改变建筑原来的功能定位，所以就存在这样的问
题——是否有必要将建筑或建筑艺术视作永恒？"……固作千年事，宁知百岁
人；足矣乐闲，悠然护宅。"[①]中国传统木结构建筑的快速更新是否是一种有效
的新陈代谢方式呢？在目前的条件和环境下，如果无法准确地判定这是一种适
宜的建筑可持续发展模式，那么，建筑的永久性必然对建筑内部空间的灵活性
和可塑性提出较高的要求。建筑的永恒是相对的，但变化却是永恒的主题。这
并不代表否定建筑的个性，而是强调没有必要将每一座建筑都视为永恒的纪念
碑。20 世纪 70 年代日本的黑川纪章所提出的"新陈代谢"理论认为建筑并非
是静止的，但在根据类似理论所设计的活动式或生长式的建筑实践并未得到推
广的现实面前，适当的拆与建是一种让建成环境适应外部条件变化的自我调节，
是提高内部环境质量的有效的"新陈代谢"机制。

　　"功能决定形式"的观点是一种单向的逻辑推理，是建立在建筑使用功能
的永久性的基础上的。如果失去了这一建构基础，这一理论也就值得怀疑了。
更不宜反过来理解或延伸这一理论，即"形式反映功能"的观点更需要辨析。

---

① 计成 . 园冶（卷一）.

处处以功能为先的模式其实是以空间属性的限定限制了空间内的行为。

产业建筑由于原始功能的单一性和特殊性，多采用框架结构或大跨度结构体系，倒为后人留下了较大的发挥空间。从表 4-3 的分析看，相比一般的民用建筑，产业建筑的弱点主要在自然采光、通风及卫生条件上，而其主要优势是比民用建筑具备更大的空间灵活性，因此，也应更有利于室内设计师塑造丰富的空间。但从前面分析的例子看，我们不论是在改造前的对象上，还是在改造后的成果上，似乎均存在一定的局限性。结合前面几条，我们又有何理由束缚自己的思想和再创作的空间呢？这种思想的解放是通过功能的转换和技术的更新完成对产业建筑室内空间的重塑，使产业建筑在城市的功能转化中不仅仅表现为一种简单的生命延续——好比垂死之人打了强心剂，并不改变其濒临死亡的命运。产业建筑的改造需要的是嫁接，是换心，更确切地说，是一种再生。当需要面临生与死的抉择时，相信所有的人都能做出理性的判断。

分析欧美国家 LOFT 及旧建筑改造利用的发展轨迹以及国内的一些案例，我们有理由相信目前国内 LOFT 的发展模式只是旧建筑改造利用的发展过程中的短期的、过渡的形式。对于产业建筑的改造利用，不能停留在简单的修修补补和功能转变上，这更像残值利用，是在榨取产业建筑最后的剩余价值。艺术工作者，特别是建筑师和室内设计师，眼光不应仅局限在旧的产业建筑这一种类型上，更不能将 LOFT 作为产业建筑改造的样板，要用新的理念、新的技术，以新的模式重塑产业建筑的今天和明天，也为城市其他旧建筑的改造利用提供有益的借鉴。

人民大会堂各厅室室内设计概况①

表 4-4

厅堂名称	设计师	最近翻新时间	设计面积	设计特点
贵州厅	罗德启	1998 年		主墙面为以黄果树瀑布为主体的反映贵州山水的羊毛编制挂毯，对面为"遵义会议"硬木雕刻屏风。两侧墙面分别为"民族团结"和"苗族少女"玉石浮雕，体现了黔贵高原的民族风情。吊顶中心镌刻有贵州行政区域轮廓线纹，并吊挂杜鹃花造型的水晶灯饰
甘肃厅	张月	2001 年		有会议厅和贵宾休息室两部分，"嘉峪雄关"绒绣，"反弹琵琶"和"马踏飞燕"雕塑均反映了甘肃作为中西文化交汇之地的以敦煌艺术为代表的璀璨文明。吊顶及吊灯造型均以百合花为母题
山东厅	山东省装饰集团总公司设计中心	2003 年		主题墙面为锻铜浮雕工艺和金箔贴面制成的"泰山揽胜"大型壁画，两侧为"海上山东"和"绿色山东"木雕朱漆壁画，入口屏风的正反面分别为"泰山迎客松"和"蓬莱仙境"

---

① 本表中设计特点的文字说明主要根据"人民大会堂各厅室图片展"的文字介绍内容以及已公开发表的介绍文章节选而成，表中空白格表明暂未收集到准确的数据或资料。

续表

厅堂名称	设计师	最近翻新时间	设计面积	设计特点
湖南厅	马怡西	2004 年 4 月	540m²	正门屏风为巨幅湘绣毛泽东诗词手迹《沁园春·长沙》，背面是将国画与西洋画融为一体的巨幅湘绣"张家界"，而侧门屏风为清峻秀美的双面绣"岳阳楼"，北面墙上挂的依然是油画"毛主席和各族人民在一起"
湖北厅	梁晖 李阳	2004 年		大厅迎面主墙上装饰着以"楚韵"为主题的巨幅真丝手工裁绒艺术挂毯，画面浓缩了荆楚大地的历史与现状：展示先秦文明成就的楚国编钟、临江耸立的白云黄鹤楼和气势磅礴的三峡大坝。南、北墙面主墙壁龛内装饰着以"日"、"月"为主题的浮雕纹饰，纹饰为楚文化中具有代表性的夔龙和夔凤造型，其材质为晶莹剔透的西班牙进口的白玉石。浮雕前，是巴楚文化标志性工艺品"虎座鸟架鼓"，南墙壁龛内是现代鎏金工艺品"黄鹤归来"
重庆厅	马怡西 丁域庆 张庆华 秦中亮 袁晓钟	1998 年	930m²	重庆厅分前厅、三峡厅、会议厅和休息厅四个功能区： 前厅两侧镶嵌着闻名的大足石刻代表作"笛女"和"养鸡女"。三峡厅汉白玉石材屏风的正面镶刻着江泽民总书记"努力把重庆建设成为长江上游的经济中心"的题词，背面为线刻重庆版图，两侧墙面上悬挂着磨漆画"瞿塘峡"和"巫峡"，在穹隆形圆顶的周边环绕着重庆市花（山茶花），中间簇拥着国花（牡丹花），象征着中央和地方。 会议厅主墙面上悬挂巨大的"重庆夜景"编织画，前后两面分别嵌有大型油画"三峡晨曲"和堆漆画"重庆人民大礼堂"的屏风置于大厅入口处，与主墙面上的"重庆夜景"遥相对应，铜板腐蚀线刻"巴渝文化"分列入口两侧的墙面上，它是展示巴渝文化的艺术长廊。用穿斗、吊脚楼以及斜墙堡坎变形为两侧墙柱设计。顶棚灯具的波浪形设计构图既给人以"长江后浪推前浪"之归感，又隐喻出"唯见长江天际流"的诗韵意境
四川厅			495m²	
安徽厅	马怡西 张庆华 郝 佳 张国菊	1999 年	648m²	设计取"四水归明堂、归水亦宏扬"之意，反映徽派建筑的特征，创造出了富有文化内涵的室内环境，特别是顶棚"S"形仿椽子的组合，具有独特的符号象征意义。主立面是"黄山日出"巨幅绒绣，屏风迎门一面是铁书制作的毛主席手书，背面为表现文房四宝制作过程的铜制浮雕
山西厅	马怡西 张志奇	2001 年 2 月	830m²	是惟一处于南北中轴线上的省厅堂，主立面为黄河壶口瀑布，主灯造型似山西著名的菊花
上海厅	徐维平等	2005 年	495m²	厅中心灯饰以波浪为主题，好似黄浦江水奔涌向前。大厅主题壁画"浦江两岸尽朝晖"，以传统的江南刺绣工艺——乱针绣为表现手法，展示浦江两岸朝气蓬勃的新气象。位于主题壁画正对面的浮雕壁画"与时俱进"由白铜锻制，两侧四幅白铜立屏浮雕壁画，分别透出金融、经济、贸易、航运中心的寓意，着力体现上海努力建设"四个中心"的不懈追求。上海厅的装饰大量采用了木材和皮革，使得施工中可以进行大规模工厂化加工和模块化现场装配的工艺，高效而精密

续表

厅堂名称	设计师	最近翻新时间	设计面积	设计特点
浙江厅	陈涛	2004年12月	360m²	主立面为东阳木雕西湖全景，柱式仿良渚文化的玉琮，地毯为西湖荷花结合水纹图案
陕西厅	马怡西	2005年	560m²	
吉林厅	马怡西	2002年		主题画为绒绣工艺挂毯"长白山天池"，南北两侧墙主体为反映吉林省生态农业和科技教育的汉白玉浮雕，杜鹃花形水晶吊灯与银箔金文的帷幔光导纤维装饰灯组成造型吊顶
广东厅	吴武斌 陈卫群 黄建成	1999年	550m²	为众多省厅中少数不拘泥于地域文化特色的空间之一，以期体现广东的开放性和对外来文化的兼容性。主墙为锻铜浮雕"龙舟竞渡"，反映广东人民的团结奋进精神。三盏吊灯设计成木棉花状。地毯图案原为木棉花和海浪波纹相结合。室内八根立柱采用了当时的新材料——微晶玻璃外包
海南厅				墙面上"椰风"、"海韵"两幅汉白玉浮雕和八根仿椰树叶造型的大理石镏金柱，表现出海南的地域风光，主题墙为表现神话故事"鹿回头"的铜雕
河北厅	王炜钰	2002年	660m²	设计采用了中国传统木结构的梁、枋、柱的形式制作室内的装饰构件，并选用"和玺彩画"、"金线大点金"等传统彩画的工艺，使得大厅装饰十分华贵，呈现出金碧辉煌、熠熠生辉的效果。天花的处理采用了民族传统建筑中筒瓦与仰瓦的屋面形象造型，在大厅中加强了造型的节奏感与韵律感。将中间筒瓦部分用半透光的化学材料做成顶棚灯光照明的一部分，在端头加以金色"勾头"花饰，神似传统建筑中瓦垄的艺术效果
河南厅	北京点石98设计公司	2001年	1000m²	北墙正中为"巍巍嵩岳垂古今"绒绣挂毯，东、南两面墙面分别为"黄河小浪底大坝"和"洛神赋"电脑石刻，西面为"清明上河图"双面汴绣屏风
青海厅	马怡西	2000年		独具创意的金漆彩绘青海省立体地形图，直观展现了被誉为"中国的水塔"的青海省的特有形象。南、北墙的雅仁白大理石超薄浅浮雕"雪域——阳光"和"草原——欢乐"，在泛光灯的映衬下，以抽象的手法，点缀出青海省优美的自然环境。东墙壁龛内陈设了一尊由江主席题写的"三江源自然保护区"冰糖玉石雕
天津厅	马怡西			
辽宁厅			495m²	
黑龙江厅	梁志枢	2004年1月	350m²	东墙主题壁画为黑龙江扎龙鹤乡朝曦玉石镶嵌画，西墙为瑞雪、白桦林、五花山为主题的油画。南、北墙分别为"腾龙共舞"和"松鹤延年"雕塑
北京厅	李俊瑞	2002年	548m²	东侧主墙面镶嵌大型挂毯"长城秋色"。西面大门两侧装饰巨型玉石挂屏，一为北京的历史建筑，以天安门为代表，有故宫、天坛、白塔等，一为北京的现代建筑，以人民大会堂为代表，有国贸中心、电视塔、亚运村等，表现了北京作为历代古都辉煌的历史文化和新中国首都的雄伟英姿

续表

厅堂名称	设计师	最近翻新时间	设计面积	设计特点
江西厅	马怡西	2003 年		主立面是"革命摇篮井冈山"的巨幅国画，另一侧墙面为彩绘铜浮雕"滕王阁"。南、北壁龛摆放着四位景德镇工艺大师制作的花瓶
台湾厅	赖聚奎			体现南派设计风格，继承闽台传统文脉。天花采用樟木彩色垂花柱，蝶形彩绘组灯围合中央大型水晶吊灯，表现"蝶恋花"的主题。西面主墙面为磨漆工艺画"日月潭风光"，东面为不同石材构筑形成的一个形似"中"的图案。迎门的屏风上刻有于立群女士所书"台湾自古以来就是中国的神圣领土"。地毯以驼色为基调，中央图案为宝岛名花"蝴蝶兰"，四角为中国结飘穗。壁龛形状类似闽台传统建筑的剪影，分别摆放着妈祖和郑成功的塑像
福建厅	赖聚奎	2002 年 8 月	650m²	为大会堂的主接见厅，主背景为武夷山风光，屏风背面为鼓浪屿海景壁画
人民大会堂国宴厅	陈忠华 莫天伟 郑 鸣 邵英俊 李 越	2001 年 12 月	1400m²	以长江作为设计主题，主背景为长江风光巨幅绒绣，色彩以红、白、金为主色调，流光溢彩，大气磅礴。装饰图案以凤凰与牡丹为元素，定制的手工地毯和吊灯也是以牡丹图案为主的。原本狭长的空间通过吊顶主次有别的三个正方形造型有了明显改善

上海外滩旧建筑改造情况汇总[①] 表 4—5

大楼地址	建成时间	原大楼名	置换前主要单位	现使用单位	主体结构形式	最近改造时间	改造设计人
1 号	1913 年	麦克倍恩大楼 / 亚细亚大楼	上海市房地产管理局 / 上海冶金设计院	中国太平洋保险公司	钢筋混凝土框架		
2 号	1910 年	英国总会 / 上海总会大楼 / 上海俱乐部		东风饭店	钢筋混凝土框架		
3 号	1922 年	有利大楼	上海民用建筑设计院	新加坡佳通投资公司	钢框架	2004 年	格雷夫斯，陈幼坚等
5 号	1925 年	日清大楼 / 海运大楼	市海运局	华夏银行外滩支行 / 锦都实业公司			
6 号	1906 年	元芳大楼 / 中国通商银行	市长江轮船公司	香港侨福国际企业公司	砖木	2007 年	
7 号	1908 年	电报大楼 / 新通商银行	长江航运管理公司	泰国盘古银行上海分行 / 泰王国驻沪总领馆	砖石	1997 年	张伟

---

① 根据王智慧. 更铸明日辉煌——上海外滩房屋置换概述. 建筑经济.1998,9；许瑾. 百年沧桑话浦江. 建筑师. 以及闵行文化信息网——黄浦江人文热线（http：//www.mhcnt.sh.cn/test/NBArticle）相关资料补充整理。

续表

大楼地址	建成时间	原大楼名	置换前主要单位	现使用单位	主体结构形式	最近改造时间	改造设计人
9号	1901年	旗昌洋行大楼/港监大楼	上海港监局	招商局（集团）上海分公司。	砖木	2004年	常青
10~12号	1925年	汇丰银行	上海市人民政府	上海浦东发展银行	钢筋混凝土框架		
14号	1948年	交通银行大楼		上海市总工会/上海银行	钢筋混凝土框架	2006年	卢铭
15号	1902年	华俄道胜银行/华胜大楼/中央银行大楼	市航天局	中国外汇交易中心			
16号	1924年	（日资）台湾银行大楼	市工艺品进出口公司	招商银行上海分行			
17号	1923年	桂林大楼/字林西报大楼	内河航运管理处/市丝绸进出口公司	美国友邦保险有限公司上海分公司	钢筋混凝土框架		
18号	1923年	麦加利银行大楼/春江大楼	上海家用纺织品公司/上海水产局	上海珩意公司	钢筋混凝土框架	2004年	Filippo Gabbiani等
19号	1908年	汇中饭店	中国机械华东公司	和平饭店南楼/中信银行	砖木		
20号	1928年	沙逊大厦/华懋饭店	和平饭店	和平饭店北楼/荷兰银行/花旗银行	钢框架		
23号	1937年	中国银行	中国银行	中国银行	钢框架		
24号	1924年	日本横滨正金银行	上海市纺织工业局	中国工商银行上海分行	砖石钢筋混凝土混合结构	2001年	JWDA建筑事务所
26号	1920年	扬子大楼（扬子水火保险公司）	市粮油进出口公司	中国农业银行上海分行	钢筋混凝土框架		
27号	1922年	怡和洋行大楼		上海外贸管理局	钢筋混凝土框架		
28号	1922年	格林邮船大楼	上海人民广播电台	上海广电集团			
29号	1914年	东方汇理银行	上海市交警总队	中国光大银行上海分行	钢筋混凝土框架		

第5章 在反思中展望当代中国室内设计的发展趋势（七大关系）

5.1 人与自然——可持续发展观和节约型社会背景下的绿色室内设计

2003 年的春天注定会与恐惧和勇敢一起被历史所铭记。突如其来的"SARS"疫情使得所有国人都被笼罩在恐惧的阴影中，好来坞科幻影片《恐怖地带》中的场面变成了现实。在许多人眼里，空气中的每个角落都似乎弥散着"SARS"病毒，以至于呼吸都变得如履薄冰一般。这种恐惧，至今令人心有余悸。"SARS"留给我们的不只是恐惧和伤痛，也不仅是对室内公共卫生安全问题的反思，更主要的是使我们充分认识到只有人与自然的和谐依存，才能促进人类社会的可持续发展。

5.1.1 可持续发展理论体系

"当今中国的室内设计要更新观念，要将单纯的审美价值取向转变为符合生态的价值取向。人们常说生态觉悟是 20 世纪人类最深刻的觉悟之一，而这一觉悟正是基于对人类生存环境日益恶化的反思。"[①]严峻的现实迫使人类重新审视自己的行为，努力寻求一条社会经济与资源环境相互协调的可持续的发展道路，既能满足当代人的需求，又不对后代人满足其需求的能力构成危害。其核心是社会经济发展与资源、环境相协调；其物质基础是自然资源的持续利用。1992 年联合国"环境与发展大会"通过的《21 世纪议程》，体现了国际社会可持续发展的总体目标和思路；1999 年世界建筑师大会通过的《北京宪章》，进一步明确了人居环境可持续发展的方向。

改革开放以来，我国经济高速发展。但随着工业化、城市化的迅猛发展，在资源、环境与经济发展的关系上，却面临着一系列紧迫的问题：人均资源（能源、土地、水）有限、污染加剧等。针对现状，国内以地域性研究为起点，展开了多方位的人居环境研究，如八五重点项目"发达地区城市化进程中建筑环境的

---

① 王国梁.跨越与回归——当代中国室内设计回顾与展望.中国当代室内艺术.北京：中国建筑工业出版社，2003.

保护与发展研究"，九五重点项目"绿色建筑体系与黄土高原基本聚居单位模式研究"等，代表了我国在建筑环境可持续发展的研究领域的成果和水平。清华大学周浩明教授在东南大学攻读博士学位时所做的关于"生态建筑室内环境设计研究"的课题，则代表了国内在建筑室内环境可持续发展方面的研究水平。

5.1.2　住宅户型比和套型面积的限制政策

《住宅建筑规范》、《住宅性能评定技术标准》于 2006 年 3 月 1 日起实施，《绿色建筑评价标准》于 2006 年 6 月 1 日起实施。这三部标准的发布实施，对落实 2006 年政府工作报告中提出的"抓紧制定和完善各行业节能、节水、节地、节材标准，推进节能降耗重点项目建设，促进土地集约利用，鼓励发展节能降耗产品和节能省地型建筑"的要求，具有重要意义。《住宅建筑规范》是我国第一部以住宅建筑为一个完整对象，从住宅性能、功能和目标的基本技术要求出发，在现有《强制性条文》和现行有关标准的基础上，全文强制的工程建设国家标准。《住宅性能评定技术标准》是我国第一部关于住宅性能评定方法、衡量住宅综合性能水平的推荐性国家标准。《绿色建筑评价标准》是我国第一部从住宅和公共建筑全寿命周期出发，多目标、多层次，对绿色建筑进行综合性评价的推荐性国家标准。后两者都是在《住宅建筑规范》等强制性标准的基础上，进一步引导住宅和公共建筑向更加科学、更加节约资源、更加注重性能要求的方向发展，将对我国住宅建筑和公共建筑的建设、使用、维护、管理发挥重要作用。新的《住宅建筑规范》与 1999 年版本相比有了很大变化。1999 年版本将普通住宅套型分为四类，并规定了其居住空间个数和最小使用面积，例如两居室最小 $34m^2$ 等，在新规范中已经取消了。应该说，取消这一限制是市场化的结果——现在住宅产品日趋多元化，从前几年小户型流行到现在大户型走俏，都是消费者不同需求的正常体现。因此，再对居室总面积作出规定已经不合时宜。作为一部强制性技术法规，对于住宅设计中比较个性化的地方不再作出硬性规定，体现了国家行政管理的科学性，体现出国家标准从方法性条款，向性能性、目标性条款的转化。

2006 年至今，建设可持续发展、节约型社会的战略要求以及防止房地产过热所进行的政策调控，使住宅建设回归到了理性的发展轨道上。特别是对户型比和套型面积的政策限制，其出发点已经完全有别于 20 世纪 80 年代控制城镇住宅面积的政策，是以科学的发展观来调控市场的盲目发展。

中、小户型的理性回归，带来的是不同于 90 年代初期中、小户型的设计：两室两厅，客厅面积扩大，卧室的开间以 3.6m 或 3.3m 为主，舒适度明显提高；同时，功能分区模糊化，睡眠、就餐、学习、娱乐（会客）等空间可以根据住户个人的生活习性组合，是适应年轻一代新的生活方式的体现。

5.1.3　室内环境质量控制方式和实践

2006 年 8 月 9 日，福建福州市马尾区法院宣判了我国首例由于新房装修造成甲醛超标致人死亡案件。由于装饰公司和地板销售公司为马尾区市民林先生装修的新房甲醛严重超标，经福州市环境监测站检测报告显示，新房装修一年后空气中的甲醛含量仍然严重超标，为每立方米 0.39mg，超过国家标准 4 倍。林先生的幼女在入住新房后患白血病不治身亡，林先生认为爱女的死亡与装饰公司和地板销售公司的行为有直接因果关联。法院一审判决，两家公司承担同等连带责任，共同赔偿原告人民币 17 万多元。尽管目前还没有充分证据证明甲醛必然会引发白血病，但室内装修造成空气污染影响人体健康已是不争的事实。

现在，由于缺少对室内环境的可持续发展的全面认识以及学科上相关理论研究的匮乏，在室内设计学科领域，建筑内部环境质量的安全性指标首先受到公众的瞩目，控制建筑内部空气污染也成了衡量建筑安全性的重要方面。表 5-1 反映了室内常见有害物质对人体健康的影响。[①]但是，需要避免以一种狭义的环保理念和单一手段代替生态环境整体保护和可持续发展。

由于前工业化时期人类与自然间的和平相处使得一些人简单地把当时的技术手段视为解决当前生态危机的良方，所以我们在正视低技术适用性同时，也需要避免盲目提倡用前工业化的手段来解决后工业时代和高度城市化背景下的生态问题。

室内常见有害物质对人体健康影响一览表　　　　表 5-1

有害物质名称	有害物质来源	对人体健康的影响
二氧化硫	灶具不完全燃烧	呼吸道功能衰退，慢性呼吸疾病，早亡
一氧化碳	灶具不完全燃烧	窒息死亡
二氧化氮	电炉使用中的电化反应等	肺损害，慢性结膜炎，视神经萎缩
氨气	建筑材料，作为防冻剂的尿素	头昏、不适、黏膜刺激
苯	透明或彩色聚氨酯涂料，过氯乙烯、苯乙烯焦油防潮内墙涂料、密封填料	抑制人体造血功能，造成白细胞、红细胞或血小板减少，对神经系统产生危害，具体表现为头痛、不适、黏膜刺激、发炎、肝损害，不育（二甲苯）
酯	聚醋酸乙烯胶粘剂（白乳胶），水性 10 号塑料地板胶，水乳性 PAA 地板胶	对人体黏膜有刺激性，能引起结膜炎、咽喉炎等疾病
醛	硬质纤维板、木屑纤维板、胶合板 801 胶、脲甲醛树脂与木材蚀花板、人造纤维板、强化木地板	对皮肤和黏膜有强烈刺激，会引起皮肤黏膜炎症，引起头痛、乏力、心悸、失眠，对神经系统不利
丙烯腈	丙烯酸系列合成地毯、窗帘	引起结肠癌、肺癌
聚氯乙烯（PVC） 聚苯乙烯（PS）	塑料墙纸、塑料地板、地板块、塑料制品、工程塑料护墙板、百叶窗	致癌
五氯苯酚	木制品（防虫剂等）	头昏
呋喃	塑料制品，地板，地毯（阻燃剂、柔软剂等）	致癌

---

① 周浩明 . 生态建筑室内环境设计研究 . 东南大学博士学位论文 .83.

续表

有害物质名称	有害物质来源	对人体健康的影响
含氯氟烃（CFC）	涂料，胶粘剂等	刺激皮肤，致癌，肝、肾损害
多环芳烃（PAH）	烹调，加热用气（煤），汽车尾气等	致癌，致畸
苯并（a）芘（BaP）	烹调油烟，灶具燃烧	致癌，致畸
氡气	砖，砂，石材，土壤，陶瓷等	肺癌
真菌、细菌	室内霉斑、螨虫、虱子等小昆虫	过敏，人体内部机体组织尤其是肺损害
电磁雾	通电导线，家用电器，电脑，电热毯，手机等	致癌，白血病，神经疾病，心脏疾病，抑郁症，失眠
空气中的悬浮颗粒	灰尘、粉尘及其他大气污染	肺部疾病等

5.1.4 环保生态理论在室内设计中的现实意义

现阶段我国经济的高速发展正面临着由于人口压力所导致的人均占有资源相对匮乏的瓶颈，迫切需要强调对各种资源（包括土地资源）的可控利用，倡导的是人与自然和谐共存的节约型社会发展模式。所以，不仅要控制建筑从建造到使用的全过程中各种消耗的经济性，更要强调对社会、自然、生态等大环境的深层影响和综合效应。

建筑从建造到使用的全过程中的各种消耗，一般包括能源消耗、土地利用率、水资源利用、材料消耗。在室内设计中，如何有效控制这些消耗呢？

1. 能源消耗

除了在原材料生产和建筑施工过程中强调能耗控制外，更多地强调建筑在使用过程中的能耗。主要目的是提高建筑的保温隔热性能、鼓励使用可再生能源、减低对不可再生能源和高污染能源的依赖。前述提及的控制室内层高的措施，其目的也就是为了减小空间容积，减低空调负荷。其他如节能灯具、室内遮阳窗帘、各种感应开关等技术的合理运用，均可以达到降低建筑能耗的作用。尤其需要科学论证和重新认识室内共享空间在建筑能耗上的两面性：如果没有高高顶出屋面的通风口，带有采光顶的共享空间尽管可以改善室内自然光的采光条件，但庞大的体积不仅带来了巨大的能耗负担，正负压差形成的烟囱效应也往往只能改善中和面以下房间的通风效果，纳凉排热的作用有限。中庭在建筑平面中的位置如果能与建筑的地域环境相适应，则往往能有效地起到热缓冲的作用。2002年建成的由胡绍学等人设计的清华大学设计中心以及2004年建成的上海生态建筑示范楼是目前已经建成的各种生态示范建筑中，在中庭设计上比较具备实践推广意义的范例。

2. 水资源利用

其实，更确切地讲，是强调公民的节水意识。从建筑技术层面上讲，目前各种感应式龙头和卫生洁具、分水量坐便器等节水型设备的技术已十分成熟，需要得到积极研发和大力推广的是雨水收集利用、中水重复利用、分质供水等一些还不是十分普及的技术。

3. 材料消耗

建筑原材料的消耗在建造过程中要超过总造价的 2/3，因此控制建筑材料的过度消耗就能有效地达到控制建筑的经济性指标的目的。但这里主要是强调控制高档材料，特别是高档天然材料的使用。可能与国人好面子的心理有关，国人对建筑内外的表层材料十分讲究，石材、木材、铝板都往上贴，天然石材和木材的消费量已名列世界前茅。但高档天然材料的堆砌并不代表建筑内在质量的提升，反而增加了造价，并加大了对自然生态环境的侵袭和破坏。

强调对社会、自然、生态等大环境的深层影响和综合效应，主要是从宏观和广义的角度上讲，建筑的经济性不能局限于某个单体或某一领域。建筑行为始终与周边环境发生着联系和相互影响，而这种联系和相互影响往往是许多建筑共同作用的结果，是一种群体的、综合的效应。这种综合效应的影响是长远和深刻的，其最终目的是实现人类社会可持续发展的长期目标，促进人与人之间、人与自然之间的和谐共存。

5.2　文与理——科技与文化的关系和影响

无论是大范畴的建筑学，还是作为学科分支的室内设计行业，都把技术和艺术的结合作为对专业的一种基本认识。但当代的室内设计已经大大地拓展了这两者的范围——从技术而言，不仅包括对设计产生直接作用的各种新技术和新材料，也包括对人们日常生活产生直接影响，进而间接影响设计的各种技术和科学理论，如信息技术、生态学等；而从艺术上讲，室内设计创作更是突破了狭义的艺术价值观的影响，涵盖了更多的人文学科范畴，不仅包括语言文字、宗教信仰、哲学思想、道德观念，也包括家庭关系、社会伦理、风俗习惯等。因此，对于当代中国室内设计的发展趋势，需要站在一个更广义的角度来认识和分析。也正因为如此，单从艺术美学的角度来思考室内设计，将会使行业走上曲高和寡的发展之路。"设计不完全是艺术，如果说是艺术的话，它是一种妥协的艺术。"[①]"妥协"也许不太顺耳，但是只有这种"妥协"才更能包容和吸收各种技术和文化的特点，促进室内设计的健康发展。

但是，现时的设计创作依旧以一种后现代思潮的文化否定眼光来看待现代科技所创造的文明世界，而没有从历史的高度来审视现代主义设计实践对于社会发展的贡献，更没有理性看待现代主义设计创作百年来自我调整的过程和结果。不能将对本土传统文化的依恋和欣赏作为重现它的主导理由。设计界过于在乎设计本身的文化意义和彰显文化理念的作用了，以为从文化着手便可纲举目张。不知是文化忽悠了我们，还是大家都在忽悠文化，反而忽视了作品中技术的魅力，形成了文化至上的错觉。我们需要清醒地认识到："现代建筑艺术

---

① 陈涛访谈录.ID+C.2003，7：70.

本身越来越难摆脱建筑技术而孤立地存在。"[1]作为建筑学科重要分支的室内设计行业又何尝不是如此呢？高层建筑、高架立交、玻璃金属以及汽车飞机是工业文明的产物，对推动社会进步和发展功不可没，应该将空气污染、热岛效应、生态恶化等视为它们的副作用，在社会的可持续发展的过程中，我们需要做的是如何减小这些副作用，而不是全面否定它们的进步意义，否则不是因噎废食吗？在当今的社会热点——节能、环保以及方便、舒适之间，同样离不开技术的支持，尤其当高技术被用来为节能和环保服务时，将使得人工环境的构筑体系达到一个更新的高度。现代主义早期作品中冷冰冰的外表不应该永远成为我们批判现代主义设计的理由，更何况，也没有站在当时的社会历史背景下进行理性的分析。但是，这种人云亦云的批判却总使我们"倾向于把所有重技术的东西都排斥到非人文的一面"。[2]

也许我们更应该支持这样的观点：我们可以创造出一个依赖技术来解决问题的世界，除了情感问题，这是技术的美学意义的短板。艺术，就是帮助我们获得情感享受和共鸣的精神表现。情感甚至可以视为技术和文化（艺术）间取得平衡的立足点和支撑点。不宜将情感和人文意识相混淆，这种情感往往被理解为包括民族情感、怀旧情感以及对财富和权力崇拜的狭义范围之内。但是，满足了情感的需要，只是体现了人性关怀的一个方面，许多时候，技术的巧妙运用，更能体现设计师从微观入手的体现"人性关怀"的立足点。陈志华先生在《北窗杂记》中曾经提到，梁思成先生在设计北大女生宿舍时，从女生手掌娇小的生理特点考虑，将楼梯扶手做细一些，曲面平缓一些；而林徽因先生则主张厨房要大，采光要好。原因就是考虑到当时的妇女每天花在厨房中的时间较长，"得让她们在厨房里心情舒畅"。[3]三位先生言语中表达出了在设计中对人性细致入微的关怀，不仅令人敬佩，更让我们汗颜。

设计是解决问题的过程，而不是创造问题。问题产生的原因各异，而解决同一问题的方式也可以成百上千，即使是最好的设计也并非是惟一的答案，合适的设计要比最好的设计更重要。因此，在通过设计来解决现实生活中的各种问题的过程中，选择适宜性的技术远比技术本身重要，不管是传统技术还是高技术。一味地强调地方材料的应用未必适宜，由于成本优势的丧失，一些传统工艺和材料已经成为一种奢侈的选择；而脱离实际地一味追求先进也有可能造成浪费。张钦楠曾讲过："一项技术只有在它能使最终产品具有高效益时才能体现其先进性。"但这并不是否定设计的创新，尤其是技术以及技术应用方式的创新（或者讲是问题解决方式的创新），设计的进步必然与社会科技和生产力的进步紧密相联。社会生产力的改变和发展，必然要求在设计中以合理的方式对现状进行某种程度的改变，哪怕程度极其微小，这就是设计中的创新。对于形式的创新，需要避免走入"形式主义"的认识误区，把形式的创新完全等

---

① 张利 . 谈一种综合的建筑技术观 . 建筑学报 .2002，1.

② 同注释① .

③ 陈志华 . 北窗杂记——建筑学术随笔 . 郑州：河南科学技术出版社，1999，6：167.

同于设计的创新，进而以创新为由过度强调设计形式上的创新，悉尼歌剧院、朗香教堂的建成意义不能成为追求形式创新的充分理由。过度追求形式的审美意义只能反映出少数阶层的精英式的优越心理。

技术的进步未必需要张扬外表的支撑，就如同"形似"或是"神似"不见得是传统的继承惟一选择一样。需要强调设计创作中的理性思维模式，反思反理性的创作行为。这里的理性思维模式是指需要在设计中建立各种技术、经济和内外环境的量化分析数据，使设计中模糊的灵感转变为逻辑的必然。目前一些设计师在设计中选用新技术或者新材料时，往往更多地是以外表视觉效果的新颖程度为主要出发点，带有明显的时尚流行倾向，太缺少深度的理性分析了！更不要说少数把设计过程视为把玩对象的项目了！"玩"设计、"玩"文化的态度，不仅是对业主的失敬，更是对设计本身的否定。"玩"到最后，只会把设计玩成一种自己无法把握、他人无法理解的玄学。"……其后果则是导致产生大量所谓文化理念至上的躯壳下的一堆非功能化空间组合的垃圾。"[1]崇尚技术的现代主义之路在当代的中国还远没有走到巅峰，我们不需要已经异化为诗人、哲学家或者雕塑家、音乐家的设计师，我们更需要机械师、工程师。

5.3 中与西——中西方文化的交流与冲突（包括全球化与地域化）

比较20世纪二三十年代建筑创作中传统复归的历史背景，尽管认识到了学习和传播西方先进技术和理论的必要性，但受到列强屈辱的历史创伤使得当时从官方到民间都把建筑视为"民族文化的重要表征"[2]，进而将"中国（建筑）固有之形式"与"民族的兴衰荣辱紧密相关"[3]。这种民族复兴的心理在历次传统回归的浪潮中均有不同程度的表现，加上中国建筑体系中哲学和美学的永恒魅力在某些项目中取得的成功使传统的形式总能找到复归的佐证，使得中西文化的交流在民族矛盾冲突的心理压力和社会背景下始终存在着难以逾越的鸿沟。

在中国当代室内设计发展历程中，本该在国门打开后通过畅通的交流渠道和"拿来主义"的实践方式，尽快完成赶上世界室内设计发展步伐的目标，但实际上反而在裹挟着包括后现代主义思潮在内的各种西方时髦理论的鼓噪下，迷失了自己的方向，以"文化决定论"的视角开始反思还没走上几步的现代化道路。对西方理论的生吞活剥不仅让设计师们消化不良，还在东方的文化土壤上玩起了对各种山花、拱券的文化隐喻、分解或戏谑，后又通过一种世俗化的需求，把对西方现代文明成就的崇拜转化为对各种西方古典折中主义设计语言的大量仿冒和批量生产。这种崇洋思想下的产物，在重新建构本土传统文化价

① 庄惟敏.关于建筑创作的泛意识形态论.建筑学报.2003，2：53.

② 曾坚，邹德侬.传统观念和文化趋同的对策.建筑师.83：45.

③ 同上。

值体系的觉醒意识下，被视为文化的倒退，而当新世纪又一轮建设高潮中的诸多重要项目成为西方设计师表演的舞台时，又被冠以"后殖民主义"的高帽。以西方文化为背景的各种设计成果在中国的土地上似乎总要被置于有色眼镜之下，如同所有生物体对于侵入自身体内异物的排异反应一般。

当今建筑形态（包括室内装饰艺术）的趋同，是因为人们用相同或类似的技术解决不同性质的问题，更没有结合地域和经济的差别来选择不同的技术解决方案。艺术和文化的多元，除了价值观的差异，还是同一问题采取不同技术手段的结果。有人曾如此比喻：用筷子吃饭是东方文化，用刀叉用餐是西方文化，那么，如果没有工具呢？可能所有的人类都会直接用手解决问题而不是考虑什么文化的差异。追本溯源，技术的选择、积累和创新，才是形成文化差异的基本前提，而文化传统中的保守性只能成为禁锢技术创新和社会进步的枷锁。趋同并不可怕，可怕的是因为害怕趋同而向"传统"看齐的保守思想。

现代化过程中，西方先进的科学技术所起的作用往往要大于民族传统技术的贡献，因此往往也被披上了"西方文化"的外衣。我们经常讲"科技无国界"，所以，不宜将这种技术上的差异性以及作用的大小放在东西方文化对立的层面上，进而排斥对于先进技术的引进和学习，这显然因噎废食了。我们当然没有理由怀疑本土文化对所有国人的根源意义以及情感象征意义，但是不应该将此视作可以与外来文明相抗衡的惟一有效工具。文化无贵贱高低之分，任何民族的文化都应该是平等的，但文化有强弱之别，弱势文化之所以在强势文化面前存在生存危机，不是文化本身造成的，而首先是技术上落后于人。从金茂大厦到鸟巢，再到 CCTV 新楼，境外设计师在中国的成功很大程度上是以先进的技术为后盾的。这里可能更需要反思我们的教育和舆论导向，大部分设计师由于缺乏相关的专业训练背景，在创作实践中的有心无力也就成了一种必然，包括前一节中提到的设计师往往根据视觉效果来选择新材料的现象。相信还有许多人能够记得一百多年前魏源在《海国图志》中所阐述的"师夷之长技以治夷"的观点，在跨入 21 世纪的今天，这一观点仍旧有现实意义，我们仍旧有继续向发达国家学习技术、不断追求技术进步的必要。希望在不久的将来，在东方的土地上，能够涌现出中国的卡尔特拉瓦、赫尔佐格。到那时，我们将不但能为拥有璀璨的传统文化而骄傲，更能为拥有创造人类现代文明的能力而自豪！

尽管全球化首先是以西方经济为主导的经济领域的全球化，但它同时也打开了世界不同文化的交流和对话的渠道，使地域化文化在交流中得到了充分的展示。"可以说地域化是普遍现象，而全球化则是一个永远没有终点的过程。全球化发展的趋势和结果不是单一中心化或文化的单极化，而恰恰是无中心化，或者说是多中心化，这也正是今天多元文化依然存在的基础。"[①]全球化和地方

---

① 徐千里.全球化和地域性——一个"现代性"问题.建筑师.109：73.

性的关系,"是特殊性和普遍性之间的关系"①,不仅不应对立,而且可以共存,甚至完全可能相互转化。《北京宪章》中就指出:"全球化和多元化是一体两面。"尤其在如今信息化的时代,地域性和全球化有时只有一步之遥。文化的趋同现象只是全球化的表象,但不应视为全球化的必然结果。文化不存在优劣,但每种文化自身必然存在优缺点,所以历史上也没有任何一种文化只对社会的发展起到单一的促进或阻碍作用。古语云:"合久必分,分久必合"。对于全球化可能导致地域性传统文化和差异性丧失的担心是不必要的。在如今人口流动如此频繁的状态下,许多面向大众的中小项目(尤以餐饮为盛)的设计中,外来的投资者在吸收当地风俗习惯以及先进技术的同时,就十分注重在室内环境设计中体现出风土人情上的差异性,以期与投资者的身份或者项目的属性相吻合,从而形成新的特色。在如今强调个性、强调特色的社会中,通过地域文化进行适宜表达往往是一条捷径。全球化强调的是交流和协作,既不是殖民更不是吞并。我们需要把对民族文化的认同和对不同文化的包容结合起来。正如季羡林先生所语:"文化交流是人类社会进步的动力之一。"生物学中近亲繁殖导致物种退化的道理同样适用于人类文化的发展规律,促进文化的交流才是满足文化发展的重要前提。

5.4 古与今——现代与传统的继承与发展

"由于批评界似乎一直没有真正意识到这一点:要么一味强调历史传统的延承,要么专注于批评新的发展对老东西的破坏,要么抽象地关注历史原生居民的生活变迁,这样一来,使得所有涉足历史与创新问题的建筑师无从摆脱被批评的处境。"②

应该看到,现在确有许多从业者,包括一些得到社会认同的著名人士,举着传统文化的大旗,却在走回头路,无论在建筑学领域还是在室内设计领域,从实质上反而阻碍了学科的进步和发展。在这些对于传统的留恋中,有两种现象值得关注:一种是发达地区对边缘地区奇风异俗的猎奇心理,这种心理所造成的压迫反过来促使边缘地区为保持这种所谓的"原生态"而引发对传统保护和开发的扭曲和偏执;一种则将传统作为文化意识形态的表现,脱离了当地和当前的生长环境,试图将其当作抗衡西方意识形态甚或现代文明的工具。这两种现象往往以十分道貌岸然的姿态出现,压得设计师喘不过气来,更误导了社会的价值取向。不管是主动还是被动,在当前的许多设计作品中往往会不自觉地表现和流露出这种意识,比如说对传统中国庭院空间形式的不断玩味,比如说对"采菊东篱下,悠然见南山"的意境的向往,比如说对秦砖汉瓦的习惯性依赖……而对高层建筑、高架立交、玻璃金属以及汽车飞机都有一种无名的抵

---

① 徐千里.全球化和地域性——一个"现代性"问题.建筑师.109:50.
② 马清运.宁波老外滩.建筑学报.2006,1:41.

触，似乎对现代技术的崇拜就是没品位的表现，就是对文化的大不敬。但这些人是否真正反思过，中国传统的建筑空间营造模式和手段能够为中国当前以及将来50年内的城市化进程提供足够的理论或技术支撑吗？"青铜器和竹简是我们博物馆里的珍宝……愈久愈珍贵，但毕竟我们不会再用青铜鼎煮饭，用竹简书写了。"①

拆城墙、破四旧并没有成为否定封建迷信的捷径，那么，反过来，仿古寻根也未必就是肯定传统文化的良方，就如同在建设之初赋予建筑的诸多象征意义在拆除时反而成了冠冕堂皇的理由，意义的虚伪性掩盖了设计的科学性。

割断历史并不代表否定传统，否则如何有现代主义的革命？目前在对传统的保护问题上，存在两种简单认识：一是将破坏传统的主要因素归结于现代化的建设，而完全忽略了保护传统概念扩大化后对于现代化建设的保守性影响；二是"将消灭过去当作现代化的前提"②，缺少包容和共存意识。怀旧的根源在于我们往往都很愿意回味记忆中的美好片段和快乐时光，而不愿意让自己在反复回忆中饱受痛苦的折磨？"好了伤疤忘了痛"，被怀旧的东西总归是美好的，进而认为这些事物在现实中也能是美好的。

《南方周末》曾经刊登过的一篇文章中③提到："我们不仅要现代，更重要的是要显得现代。"这一现象，从改革开放后到目前的诸多建筑实践中都或多或少地存在，从自动扶梯、观光电梯、幕墙玻璃到一再扩大的庞大的建筑体量，其结果不仅仅是为了诸多反映现代化的高端技术的应用而花费了大量的资金，还建立了一种脱离建筑营造本质的外部形态的浮夸榜样，容易被传统守道者抓住小辫子，反而阻碍了现代化的进程和技术的正常发展。其根源是依旧没有摆脱将建筑的内外部形式美作为衡量设计优劣的重要标准的惯性思维。无论是传统还是现代，唯有跳出形式主义的禁锢，才能在更广阔的天地中驰骋。

试图以传统来解答"怎样面对中国室内设计的现代性"这一问题的人，其实是"不肯承认材料、结构和技术对（建筑）形式风格的选择、限定和塑形作用"。④至于是否能在解决"中国室内设计的现代性"的基础上，也找到解决"全球化"和"地域性"分歧的钥匙，也许只有时间会给出答案。单一地从技术或文化的角度来讨论现代与传统的问题，可能比较容易陷入继承与发展的两难境地。大家往往不曾意识到的是，现代社会所强调的民主和平等，恰恰是我们行业讨论现代与传统问题时的盲角。从此意义上讲，就是要在设计的全过程中体现现代文明的民主和平等意识，而否定传统的等级和强权意识，惟有实现这一目标，才可以真正地谈古论今。

① 摘自吴冠中"我看苏绣"一文。

② 伍江. "新天地"引起的联想 .ID+C.2001，11：34.

③ 王寅，张捷. 外国建筑师的中国印记 . 南方周末 .2005.

④ 陈志华. 北窗杂记——建筑学术随笔 . 郑州：河南科学技术出版社，1999，6：145.

5.5 美与丑——审美取向与价值标准

5.5.1 一元论和折中论的误区

室内设计的复杂性和多样性使得室内设计没有固定的评价标准，功能、技术、经济、环境、文化以及美学等不同的思考角度和价值取向，可以使每个项目都存在不同的解答方案，设计的多元化，其实质就是价值取向多元的表现。对于每种解答方案，旁观者的评判又可能由于角度和深度的差异性而有不同的理解。因此，以"1+1=2"的惟一性标准衡量室内设计的好坏必然会让行业的发展走入大一统的认识误区。这一认识误区往往还影响了某些人的从众心态，不论是设计者还是业主，对于设计优劣的认识不是建立在自己的思考判断基础之上的，而是习惯于揣摩他人的看法，以他人的视角来审视自己的个案，似乎设计师创作的作品不是为项目量身定做的，而是为他人欣赏的，把设计的好坏建立在他人的赞许或批评意见的基础上，而结果往往使设计成为各方意见折中的产品，缺少直面批评甚至失败的勇气。当前国家的政策就是鼓励创新，但鼓励创新也就需要同时容忍失败，更何况集科技和文化于一体的室内设计。尽管建设工程的特殊性往往决定了多数投资者对项目失败的容忍度是极其有限的，但我们依然需要更加多元的创作思路，更何况真正的科学研究过程一定是失败多于成功的。

改革开放三十年，社会价值取向也从一元论向多元化发展，这是社会进步的直接体现。价值观不同，因此一个项目要取得所有人的认同几乎是不可能的，甚至某些只获得了少数人关注的小众项目，也不能完全否认其中的成功之处。室内设计大都存在"片面"的合理性，同时也应允许存在认识和评论上的"偏见"。投资业主与设计师之间的审美价值取向一定存在或多或少的差异，但是对于已经专业化的职业设计师而言，回避矛盾就有可能遭到市场的唾弃，这样只会失去对市场进行价值取向引导的机会。在许多项目的风格选择上，业主的要求也是原则而模糊的，对于中式或者西式、古典或是现代的概念就如同布置了一篇命题作文，设计师要是自己裹足于各种定义下进行符号式的创作，自然只会创造出八股文似的古板文章。

没有最好的设计，只有最合理的设计。但这并不代表室内设计是一个令人感到无法拿捏的、虚无的学科，如果一定要有一个永恒的真理或是一般意义的标准，那就是：促进社会进步，改善人类生活。

5.5.2 奢侈和美学的误区

《ID+C》2006 年第 7 期的卷首语中论述了国人对奢侈消费的矛盾心态，并引用了德国学者沃夫冈·拉茨的观点："……只有肯定富裕才会带来更多的财富。"这一观点和改革开放之初所倡导的鼓励一部分人先富起来的政策异曲同工。经过近三十年的发展，在改革开放取得了丰硕成果和社会财富得到充分积累之后，拜金主义的价值观念不乏市场，在设计艺术美学领域，确实需要防止将高档化视同于美观化的趋势。这种趋势只会使室内空间成为一堆高档材料组成的堆砌物，引导设计走向炫耀奢华的歧途。豪华的美观只适用于特殊的富豪阶层，不应该成为具有普适性的方针。同时，当前设计中"试图以奢侈消费的民族化来维护民族自尊或自豪感"的观点更加具有蛊惑性和危险性，少数所谓社会精英的价值观是不能代表社会价值标准认可的主流的。这种观点，和把"喜闻乐见"作为设计评判标准的观点并无二致。

尽管不应过于提倡奢侈豪华的装饰之路，但这并不代表可以否定某些高档场所在室内设计上的成功之处。对低造价室内设计创作的肯定，并不能贬低部分高造价作品的在室内设计专业上的成就和进步。厚此薄彼的态度是对价值评判标准的误导。这里需要注意两点：一是高造价的产品往往质量较好，易于得到良好的维护，所以可能使用寿命更长，所谓"一分价钱一分货"，我们需要杜绝的是质次价高的产品；二是一些先进的技术在初步开发和应用阶段往往由于高额的前期投入而造成价格偏高，但这不应该成为我们放弃这些高技术而片面选择或创作低成本产品的理由。"不管白猫黑猫，抓到老鼠的就是好猫。"技术在室内设计中如何合理运用，也应该是这个道理。室内空间完全可以和建筑一样，成为财富的象征。现在的问题在于，社会普遍把这种象征意义等同于努力追求的榜样和标杆，是价值观的盲从产生了偏颇。彭一刚先生曾经指出："当前的建筑创作实践……所反映的只是一种社会选择水平，而非建筑师的最高水平。"[①]把这一观点延伸到室内设计领域同样适用。因此，更需要通过好的作品来提高人们的辨别能力，进而引导社会选择水准的提高。

郑光复先生在著作《建筑的革命》一书中对于"建筑是美学的误区"的命题展开了翔实的论述，并且引发了当时学术界的激烈争鸣。尽管赞成书中的主要观点，但本论文无意对此命题重复论述，只是因为在室内设计中同样存在类似的认识误区，所以再附和几声：在相当长的时期内，室内设计中注重装饰的倾向，包括注重形式的设计，其实就是把各种传统美学原理作为评判室内设计好坏的首要标准，而同时又忽视了其他因素对于室内设计的重要作用的结果。古典的比例、构成、色彩等确实依然具有永恒的魅力，但是在人类已经掌握了超越秦砖汉瓦、垒石木构技术的当今社会，需要极大地丰富并重新建构包括室内设计在内的建筑学的价值评判标准，甚至在某种条件下需要矫枉过正的评判标准。水晶宫和埃菲尔铁塔的成功将众多学院派建筑师抛在了时代的后面，柯布西耶的《走向新建筑》中所强调的机械美学依然是当代室内设计中不可或缺的，还有工程学、信息学、生态学等学科的发展，都将在价值取向上左右设计行业的发展，并建立起新的美学观。

---

① 彭一刚．悦目与赏心——建筑创作朝更高的层次突进．建筑师 .82：7.

5.6 内与外——建筑设计与室内设计的关系

5.6.1 主次和并置

在许多关于建筑与室内关系的论述中，都有这样一种观点：室内设计是建筑设计的一部分，是建筑设计的深化和延伸。所以室内设计创作必须与建筑设计的主导思想相一致，在风格上保持与建筑设计语言的一脉相承。在一定的历史阶段或者某些特殊的项目中（如纪念性建筑）确实需要把建筑设计的地位放在能够主导所有专业的地位上，但是在目前建筑功能日趋复杂的市场化社会背景下，总是要求室内设计保持与建筑设计风格的一致性，显然是不切实际的。

建筑设计与室内设计，在许多状况下已经体现出一种并置的关系：建筑设计界定了人造空间的范围，而室内设计需要使被限定空间能够满足除遮风避雨以外的各种不同的使用要求，而且空间也不再是室内设计的惟一主体，试图用单一的建筑设计语汇主宰室内设计领域的思想是片面而又孤立的。"不考虑室内设计的建筑师，不就快成为彻底的工程师了吗？为什么我们的建筑师非在建筑和室内之间划上一条明确的分水岭？令人费解的是除了分清界限以外，还透露着一种歧视，我认为平等的意识在现代人文关怀中是极其重要而不可或缺的。"①同样，色彩设计、平面设计和产品设计的语言或手法也应该获得同等重要的认可和地位。建筑师莫名的优越感令人费解，业内某些室内设计师回避装饰、回避材料和高谈空间的论调不仅是社会语境下的误导所致，更是这些人对自己所从事专业在认识上的片面性和创作上不自信的自然流露！从在一片如白纸一样的大地上进行规划开始，规划设计、景观设计、建筑设计、室内设计、家具设计直至涉及各种生活用品的产品设计和家纺用品设计，都是围绕着人的生活空间的设计，是建筑实践过程中的不同阶段而已，只有手段和尺度上的差异，即使有一定的先后或主次之分，在地位上也应该是平等的。就如同一个乐队，只有依托大家共同协作才能演奏出和谐的交响乐，而"和谐"与"一致"是存在差异的。

社会合理分工的目的不是另立山头，而是为了更好地合作，是为了充分发挥各自所长，让建筑产品由外到里更趋完美。外表皮归幕墙，内装饰归室内。这未必都是专业分工不断细化的必然结果，也与当今许多建筑师们过于关心建筑外在形式而并非把内部空间的塑造作为建筑设计首要任务的现象有着很大的关联，尽管这些建筑师也常常把"空间"作为口头禅，但是却没有用更专业的语言、更精湛的细部设计来实现与使用者——人的紧密联系。许多建筑师的工作范围已经被蚕食到只需提供一个满足规范的支撑载体的境地，或许还包括提供一个门窗表，有时这部分工作也被外立面幕墙施工单位捎带了过去。可能把这种工作范畴的蚕食理解为相互渗透更为积极一些，建筑设计和室内设计之间

---

① 苏丹. 一场中国精神和元素的反思——"北湖九号"高尔夫会所.

需要的是更多的理解、包容、互助和团结。

5.6.2　片段和整体

现代社会已经被高度分化，包括所谓的全球化也是经济被分化的表现之一。建筑室内空间和功能的分化也是这种大趋势的直接表现。在本论文的不同章节中，已经就室内设计的片段性和建筑设计整体性的关系，结合实例进行了论述。需要指出的是，当建筑的永恒性成为一个相对的概念时，建筑设计在多数项目中已经不能限定建筑内部空间的属性，只有通过室内设计才能限定建筑内部空间的属性！建筑产权和使用权的分割和行业分化更是使得内部空间的属性已经不是建设方和设计师所能限定的。室内设计的这种片段性不仅存在于同一建筑的不同空间里，也存在于同一空间的不同时间中，本书第4章第12节中关于建筑异用性的论述就是对于同一空间在不同时间中的片段性的体现。在个人精力有限的前提下，室内设计的片段性可以使各个相同或不同的空间展现出更加专业、更加细致的设计魅力。如果说同一建筑的不同空间片段性可以用多元化来诠释的话，那么跨越时间的各个片段所组成的一个建筑的完整生命周期内的活动，才会使得建筑的形象如生物的成长一般鲜活，而不是永远停留在它建成的那个瞬间的历史中。如何正视这种整体与片段间的关系？确实还需要在理论上进行更深入的研究。

5.7　义与利——消费时代的商业化

设计师踏入社会，首先要学会生存，其次是求利，最后才是求名。解决生存问题，这是前提也是必需的。求利，就是成家立业、买房、买车，也都是需要的，人人都要求利。至于求名或求义，惟有等待，是可遇而不可求的。清教徒式的室内设计是要被饿死的，见利忘义不可取，舍生取"义"也不见得更可贵，既然都舍生了，再谈理想的本钱也就没有了。

国际上通常把公共建筑分为商业性建筑（Commercial Building）和政治文化性建筑(Institutional Building)。前者往往以营利为目的,标新立异、追求时尚,需要经常改头换面。后者则不以营利为目的，但大都希望能够通过各种设计语言和手段表现出建筑本体之外的角色内涵或象征意义。尽管设计并不需要政治的嫁衣来抬高自身的价值，不过由于商业性建筑并不追求在哲学上的升华，所以总被一些人嗤之以鼻。世间并不存在任何所谓"纯粹"意义的设计。日本建筑师隈研吾曾讲过："建筑家很早以来就是政治的存在……建筑家并不是实现一种独善的美，而是和权力成为一体，创造出权力所希望的美。"[①]如今，资本依靠其强势地位也获得了同样的权力。室内设计作为建筑营造过程中的一部分，也势必存在着创造出权力所希望的美的可能，而室内设计由于更接近于人们的

---

① 玉佩珩.建筑师的守望.建筑师.94：89.

日常生活，所以往往比建筑设计更多地得到某种预设的暗示，这种预设往往在一开始就可能限制了设计师的思维。也有人曾说过："先是长官意志，然后是长官意志与商人意志的双重主宰，建筑师（包括室内设计师）成为异化了的权力手段、权力公仆。"[①]不能简单地把设计创作等同于艺术创作，除非自己投资。绝大多数设计理念和创意是为他人打造的，所以首先得尊重他人的欲望，也尊重资本的需求，设计师并没有足够的理由随意地去支配别人的资本。它不是设计者的！这即是设计中利之所在。

不可否认，我们已经进入了一个消费时代，无论是饕餮盛宴还是粗茶淡饭，"消费文化不能扩展商品的基本的实质价值，但是额外的编码开拓了无穷无尽的精神欲望领域"[②]。"消费，不只是一种满足物质欲望或满足胃内需要的行为，而且还是一种出于各种目的需要对象征性物质操纵的行为，所以，强调象征性物质的重要性就显得十分有必要。"[③]文化不仅可以消费，也成了促进消费的诸多元素之一。似乎在设计业内部都特别注目于一些有较大创作自由度的作品，而忽视了许多更"商业化"的优秀作品，这些作品往往是"场内局限多，场外意见多"，容易中庸，但这些作品往往更注重解决实际问题，而不是创造话题，也就更能体现设计师的功力。从某种意义上讲，商业化是室内设计保持自身活力和发展动力的催化剂。设计的媚俗并非商业化或者市场经济环境下的必然产物，更多地是设计创作决策机制缺乏科学和民主的表现。在建筑设计行业，尤其是室内设计行业，最具活力，同时也经得起市场捶打的项目往往是一些事关民生的设计，比如住宅、商店、餐厅的设计。商业化是促使建筑艺术（包括室内）改变只为少数人服务观念的最有效的推动手段，而商品性更是室内设计的首要（基本）属性，其次才是艺术性。艺术创作是增加设计产品商业价值的重要手段（和工业造型中的产品设计的道理相同），而技术则是另一个重要手段，当然，还包括产品的资源稀缺性。

墨子曾云："……故食必常饱，而后求美；衣必常暖，然后求丽；居必常安，然后求乐。为可长，行可久，先质而后文，此圣人之务。"显示出墨子仅将精神生活视为物质生活之附属品，而未能真正体会到文化艺术自有其独立的价值与需要，反映了其中绝对的功利主义观点。室内设计中的文化艺术属性使得室内设计在一定的限度内需要有相对独立的价值评判底线。商业化，尤其是商业性设计项目的主旨确是以为业主创造获得价值的最大可能为目的的。但是追逐商业利益的同时，不可淡化所应担负的社会责任以及道德底线。所谓"业主点菜、设计料理"的模式，也许一时适应了市场的需求，但最终还是需要接受社会和时间的考验。存在这种思想的设计者，往往以市侩的折中主义方式对市场的商业化作出妥协，甚至丧失了人格和艺术创作的独立性。尽管设计师不是救世主，不需要在任何场合都以真理捍卫者的面目

---

① ID+C.2000，11：19.

② 俞小雪.消费文化影响下都市商业空间环境设计.2006；4；西莉亚·卢瑞.消费文化.南京大学出版社.

③ 俞小雪.消费文化影响下都市商业空间环境设计：5；何佩群编译.消费主义的欺骗性——鲍曼访谈录.

来批判时弊，但在引导和迁就的不同方式下，同样一个项目完全可能得到两个不同的结果。在设计中有意识地控制奢侈和浪费的行为，回避破坏生态平衡的做法都是设计师坚持社会责任和职业操守的不可忽视的环节。因此，设计师以何种态度从事设计活动比设计何种形式更加重要。如果永远沉醉于对物质生活的不断享乐之中，随着外部物质环境和社会道德的底线不断被突破，必将导致社会伦理关系的紊乱和自然界的报复。设计师需要有良心和道义的底线。不应把市场经济视为培养为首是瞻的奴性思想的温床，而应作为培养发达的自由个性思维的摇篮。

设计行业中的利与义就如同船的桨和舵，缺一不可。离开了桨，我们的行业就失去了前进的动力；而没有了舵，就会面临迷途甚至触礁的危险。

结　语

当所有文字即将收尾时，反观全文的论述方式和过程，似乎总是在记录历史和点评历史间摇摆，而编年史的方式似乎总有流水账之嫌，应该还有许多方式可以从各个角度来论述中国当代室内设计的发展历程。如果建筑是组成城市的各个细胞，那么建筑内部各个单一空间就是细胞中的各种粒子，它们必然存在各种相同点和差异性，它们各自的运动发展过程也必然令人瞩目，如果从这种微观分析入手，在方法论角度上也具有相当的研究价值。相比建筑学科而言，室内设计行业对于新技术和新材料的敏感性要强烈得多，如果着眼于材料科学和技术发展对室内设计影响的角度开展研究，应该同样可以取得一定的研究成果。但是，纵观改革开放三十年来中国当代室内设计发展的历程，编年史的缺乏使得对于中国当代室内设计发展史的研究似乎远离了整个社会和经济快速发展的大背景，没有认识到诸多国家政策、社会变革的因素对于整个行业发展的深层影响，而流于表面化的风格归类和流派更迭的研究。"室内设计既反映生活，也设计生活。"回顾这近三十年的行业发展历程，也就是在回顾我们国家改革开放三十年的巨大成就，这种回顾中的甜蜜是远大于酸苦的：我们日常生活衣食住行的方方面面，无不发生了巨大的变化。因此，这种回忆的过程是沉浸在满满的幸福中的。作为一个身处其中的室内设计师，更需要以一种敏锐的感知力来发现生活中的点滴变化，并且将这种变化融入到设计中，进而创作出符合时代发展要求的设计作品。

史论文章本应力求从"以史引论"转向"以论叙史"，只可惜时间有限，个人在理论和学识上的积累还远未达到能够"以论叙史"的水平。在文章最后的小小尝试，更让我感到"以论叙史"绝非一蹴即就之事，必须有水滴石穿的毅力和高屋建瓴的视野。再加上自身工作的压力，使得个人在撰写过程中并没有全身心地投入到学术研究的执着追求中，尽管已行万里路，但却未读百卷书，这不仅使文章的内容难免存在疏漏和尚待推敲之处，也恐辜负了所有关怀我的人的期望，深感内疚！受篇幅的限制，又有许多优秀的作品最终忍痛割爱，实感遗憾！

撰写的结束并不代表着研究的结束，反而引出更多问题值得思考：

1. 室内设计的目的和作用是什么？

2. 技术是否有社会属性？这种属性对于室内设计的影响机制？

3. 是否存在装饰材料的文化象征意义？存在原因和影响力？

4. 被消费的文化如何影响室内设计未来的走向 ？

5. 设计是否被娱乐？

6. 室内设计的虚拟化未来？

7. 存在超越文化属性的室内设计吗？

8. 设计如何体现的平等和民主？

"学海无涯苦作舟"，真地希望还能再有机会畅游学海、漫步书山！

参 考 文 献

[1] 中国城市与建筑编辑委员会等.上海建筑.1990.

[2] 陈保胜.中国建筑四十年.上海：同济大学出版社，1990.

[3] 张绮曼，郑曙旸.室内设计资料集.北京：中国建筑工业出版社，1991.

[4] 孙清华，陈淑玲，李存先.住房制度改革与住房心理.北京：中国建筑工业出版社，
   1991.

[5] 黄汇.住户的意愿是住宅设计的重要依据.建筑学报.1988，9.

[6] 中国城市与建筑编辑委员会等.北京宾馆建筑.1993.

[7] 沈恭主编.上海八十年代高层建筑.上海市建委内部资料.

[8] 邹德侬.中国现代建筑史纲.天津：天津科学技术出版社，1989.

[9] 朱志杰主编.中国现代建筑装饰实录.北京：中国计划出版社，1994.

[10] 黄健敏编.阅读贝聿铭.北京：中国计划出版社，贝思出版有限公司，1997.

[11] 当代中国著名机构优秀建筑作品丛书——建设部建筑设计院.哈尔滨：黑龙江科学
    技术出版社，1998.

[12] 邹德侬.中国现代美术全集/建筑艺术.北京：中国建筑工业出版社，1998.

[13] 陈志华.北窗杂记——建筑学术随笔.郑州：河南科学技术出版社，1999，6.

[14] 郑光复.建筑的革命.南京：东南大学出版社，1999.

[15] 中国建筑学会室内设计分会编，饶良修主编.中国室内设计年刊第2期.北京：中
    国计划出版社，1999.

[16] 中国建筑学会室内设计分会编，饶良修主编.中国室内设计年刊第3期.北京：中
    国计划出版社，2000.

[17] 杨公侠.建筑 人体 效能——建筑功效学.天津：天津科学技术出版社，2000.

[18] Andy Whyte.Skidmore, Owings&Merrill LLP Architecture and Urbanism 1995-2000.
    The Images Publishing Group Pty Ltd.，2000.

[19] 杨秉德.新中国建筑——创作与评论.天津：天津大学出版社，2000.

[20] 胡仁禄编著.休闲娱乐建筑设计.北京：中国建筑工业出版社，2001.

[21] 北京十大建筑设计.天津：天津大学出版社，2002.

[22] 2001年中国室内设计大奖赛组委会.2001年中国室内设计大奖赛优秀作品集.天津：
    天津大学出版社，2002.

[23] 张利.从CAAD到Cyberspace——信息时代的建筑与建筑设计.南京：东南大学出
    版社，2002.

[24] 上海博物馆编.上海博物馆建筑装饰图册.上海：上海书画出版社，2002.

[25] 曾坚，陈岚，陈志宏.现代商业建筑的规划与设计.天津：天津大学出版社，2002.

[26] 罗小未.上海新天地——旧区改造的建筑历史、人文历史与开发模式的研究.南京：东南大学出版社，2002.

[27] 吕俊华，彼得·罗，张杰.中国现代城市住宅.北京：清华大学出版社，2003.

[28] 潘谷西.中国建筑史（第五版）.北京：中国建筑工业出版社，2003.

[29] 《建筑创作》杂志社编.中国博物馆建筑与文化.北京：机械工业出版社，2003.

[30] 石铁矛，李志明.约翰·波特曼.北京：中国建筑工业出版社，2003.

[31] 中国当代室内艺术.北京：中国建筑工业出版社，2003.

[32] 中国当代室内艺术编委会编.中国当代室内艺术2.北京：中国建筑工业出版社，2004.

[33] 中国当代室内艺术编委会编.中国当代室内艺术3.北京：中国建筑工业出版社，2007.

[34] 杨永生主编.建筑百家言续编——青年建筑师的声音.北京：中国建筑工业出版社，2003.

[35] 薛光弼.知音——海峡两岸三地室内建筑名师作品集.北京：中国建筑工业出版社，2005.

[36] 《建筑创作》杂志社编.北京建筑图说.北京：中国城市出版社，2004.

[37] 王炜钰.王炜钰选集.北京：清华大学出版社，2004.

[38] 贾西津，沈恒超，胡文安等.转型时期的行业协会：角色、功能与管理体制.北京：社会科学文献出版社，2004.

[39] 张钦楠.特色取胜——建筑理论的探讨.北京：机械工业出版社，2005.

[40] 王晓，闫春林.现代商业建筑设计.北京：中国建筑工业出版社，2005.

[41] 王国泉.建筑百例.北京：中国建筑工业出版社，2006.

[42] 姜娓娓.建筑装饰与社会文化环境：以20世纪以来的中国现代建筑装饰为例.南京：东南大学出版社，2006.

[43] 聂影.观念之城　建筑文化论集.北京：中国建材工业出版社，2007.

[44] 薛求理.全球化冲击——海外建筑设计在中国.上海：同济大学出版社，2006.

[45] 《建筑创作》杂志社编.建筑茶话.北京：中国建筑工业出版社，2006.

[46] 钟华楠，张钦楠.全球化·可持续发展·跨文化建筑.北京：中国建筑工业出版社，2007.

[47] 郝曙光.当代中国建筑思潮研究.北京：中国建筑工业出版社，2006.

[48] 赖德霖.中国近代建筑史研究.北京：清华大学出版社，2007.

[49] 国家统计局编.中国统计年鉴.北京：中国统计出版社.

[50] 王南溟.中式建筑的后殖民标记.室内设计师5.

[51] 吴武彬，黄建成.设计与设计生态：人民大会堂广东厅设计随想.美术学报.2000，1.

[52] 王智慧.更铸明日辉煌—上海外滩房屋置换概述.建筑经济.1998，9.

[53] 龙志伟.人民大会堂新广东厅.广东建筑装饰.1999，3.

[54] 陈立旭.改革开放以来的中国文化发展.中共中央党校学报.1999，01.

[55] 张志奇.民族传统 地方风格 时代精神——人民大会堂山西厅室内设计简记.家具与室内装饰.2003，3.

[56] 文化产业的发展与管束：夜总会两点关门，升级的娱乐，升级的管束——专访文化部文化市场司副司长张新建.三联生活周刊.2006，7.

[57] 薛求理，彭怒."现代性"与都市印象——日本建筑师 1980 年以来在上海的建筑设计的空间分析，时代建筑.2006，6.

[58] 左琰.历史与创新的博弈——同济大学大礼堂保护性改造设计.时代建筑.2007，3.

[59] 郑刚，陈雷，华绚.形象源于理念——上海南站的"大交通、大空间、大绿化"设计理念.时代建筑.2007，2.

[60] 强调建筑功能，加深旅客体验——上海南站主站屋室内设计.室内设计师 1.

[61] 蓝晓红.现代建筑室内设计的发展及其对中国的影响.清华大学硕士学位论文.1991.

[62] 周浩明.生态建筑室内环境设计研究.东南大学博士学位论文.2002.

[63] 张青萍.20 世纪中国室内设计发展研究.东南大学博士学位论文.2004.

[64] 朱宇恒.我国高校校园规划的前期论证体系研究.中国美术学院博士学位论文.2005.

[65] 俞小雪.消费文化影响下都市商业空间环境设计.中国美术学院硕士学位论文.2006.

[66] 贾洪梅.国内当前地铁车站室内环境设计的方法及发展初探.南京林业大学硕士学位论文.2006.

[67] 杨冬江.中国近现代室内设计风格流变.中央美术学院博士学位论文.2006.

[68] 崔笑声.消费文化时代的室内设计研究.中央美术学院博士学位论文.2006.

[69] 胡沈健.住宅装修产业化模式研究.同济大学博士学位论文.2006.

[70] 柳闽楠.住宅全装修的系统化与适应性——上海市住宅全装修实践经验与理念研究.同济大学博士学位论文.2007.

[71] 孔健.地铁车站内部空间环境人性化设计研究.同济大学博士学位论文.2007.

[72]《建筑学报》、《ID+C》、《建筑师》、《室内设计师》、《中国建筑装饰装修》、《建筑技术与设计》、《INTERIOR DESIGN》（中文版）、《建筑创作》、《世界建筑》、《三联生活周刊》等杂志或丛刊的相关文章。

[73] 饶良修、王炜钰、谷彦彬、陈耀光、张青萍、邹德侬、崔恺等老师的访谈录音和记录。

图 2-8　阿房宫饭店中庭

图 2-17　阙里宾舍大厅

图 2-30　2000 年改造后的新客站入口大厅

图 2-44　位于四层的中庭（拍摄：江滨）

图 3-9 首都机场 2 号航站楼候机区

图 3-13 厦门国际会展中心首层西门厅
图片来源：中国当代室内艺术．

图 3-33 外滩 12 号门厅
图片来源：新华网，图片作者网名：我自巍然不动。

图 3-40 浦东机场标识导向系统

图 4-28　上海正大广场

图 4-47　拉萨火车站中厅

图 4-58　同济大学建筑与城市规划学院 C 楼室内楼梯

图 4-64 上海正大丽笙酒店（左为采用玻璃分割的标准房卫生间，右为底层大堂）

图 4-78 音乐厅墙面反射板　　　**图 4-88** 北京地铁 5 号线雍和宫站

图 4-112 LOFT49 美国 DI 设计库中国公司内景